全国主推高效水产养殖技术丛书

全国水产技术推广总站 组编

小龙虾高效养殖致富技术与实例

唐建清 主编

中国农业出版社

图书在版编目（CIP）数据

小龙虾高效养殖致富技术与实例/唐建清主编．—北京：中国农业出版社，2016.7（2018.7 重印）
（全国主推高效水产养殖技术丛书）
ISBN 978-7-109-21563-4

Ⅰ.①小…　Ⅱ.①唐…　Ⅲ.①龙虾科-淡水养殖　Ⅳ.①S966.12

中国版本图书馆 CIP 数据核字（2016）第 072201 号

中国农业出版社出版
（北京市朝阳区麦子店街 18 号楼）
（邮政编码 100125）
责任编辑　郑　珂
文字编辑　张彦光

中国农业出版社印刷厂印刷　　新华书店北京发行所发行
2016 年 7 月第 1 版　　2018 年 7 月北京第 5 次印刷

开本：880mm×1230mm 1/32　　印张：4.625　　插页：6
字数：116 千字
定价：28.00 元
（凡本版图书出现印刷、装订错误，请向出版社发行部调换）

丛书编委会

顾　问　赵法箴　桂建芳

主　任　魏宝振

副主任　李书民　李可心　赵立山

委　员　（按姓氏笔画排列）

丁晓明　于秀娟　于培松　马达文　王　波
王雪光　龙光华　田建中　包海岩　刘俊杰
李勤慎　何中央　张朝晖　陈　浩　郑怀东
赵志英　贾　丽　黄　健　黄树庆　蒋　军
戴银根

主　编　高　勇

副主编　戈贤平　李可心　陈学洲　黄向阳

编　委　（按姓氏笔画排列）

于培松　马达文　王广军　尤颖哲　刘招坤
刘学光　刘燕飞　李　苗　杨华莲　肖　乐
何中央　邹宏海　张永江　张秋明　张海琪
陈焕根　林　丹　欧东升　周　剑　郑　珂
倪伟锋　凌去非　唐建清　黄树庆　龚培培
戴银根

本书编委会

主　编　唐建清　江苏省淡水水产研究所

副主编　张太明　金湖县太明渔村水产专业合作社

　　　　卢德炎　德炎水产食品股份有限公司

　　　　陈学洲　全国水产技术推广总站

编　委　唐建清　江苏省淡水水产研究所

　　　　严维辉　江苏省淡水水产研究所

　　　　彭　刚　江苏省淡水水产研究所

　　　　李　军　江苏海浩兴业集团

　　　　刘国兴　江苏省淡水水产研究所

　　　　程咸立　湖北省水产技术推广总站

　　　　沈美芳　江苏省淡水水产研究所

　　　　孙梦玲　江苏省淡水水产研究所

　　　　卢德炎　德炎水产食品股份有限公司

　　　　陈学洲　全国水产技术推广总站

　　　　张太明　金湖县太明渔村水产专业合作社

丛书序

我国经济社会发展进入新的阶段，农业发展的内外环境正在发生深刻变化，加快建设现代农业的要求更为迫切。《中华人民共和国国民经济和社会发展第十三个五年规划纲要》指出，农业是全面建成小康社会和实现现代化的基础，必须加快转变农业发展方式。

渔业是我国现代农业的重要组成部分。近年来，渔业经济较快发展，渔民持续增收，为保障我国“粮食安全”、繁荣农村经济社会发展做出重要贡献。但受传统发展方式影响，我国渔业尤其是水产养殖业的发展也面临严峻挑战。因此，我们必须主动适应新常态，大力推进水产养殖业转变发展方式、调整养殖结构，注重科技创新，实现转型升级，走产出高效、产品安全、资源节约、环境友好的现代渔业发展道路。

科技创新对实现渔业发展转方式、调结构具有重要支撑作用。优秀渔业科技图书的出版可促进新技术、新成果的快速转化，为我国现代渔业建设提供智力支持。因此，为加快推进我国现代渔业建设进程，落实国家“科技兴渔”的大政方针，推广普及水产养殖先进技术成果，更好地服务于我国的水产事业，在农业部渔业渔政管理局的指导和支持下，全国水产技术推广总站、中国农业出版社等单位基于自身历史使命和社会责任，经过认真调研，组建了由院士领衔的高水平编委会，邀请全国水产技术推广系统的科技人员编写了这套《全国主推高效水产养殖技术丛书》。

这套丛书基本涵盖了当前国家水产养殖主导品种和主推

技术，着重介绍节水减排、集约高效、种养结合、立体生态等标准化健康养殖技术、模式。其中，淡水系列14册，海水系列8册，丛书具有以下四大特色：

技术先进，权威性强。丛书着重介绍国家主推的高效、先进水产养殖技术，并请院士专家对内容把关，确保内容科学权威。

图文并茂，实用性强。丛书作者均为一线科技推广人员，实践经验丰富，真正做到了“把书写在池塘里、大海上”，并辅以大量原创图片，确保图书通俗实用。

以案说法，适用面广。丛书在介绍共性知识的同时，精选了各养殖品种在全国各地的成功案例，可满足不同地区养殖人员的差异化需求。

产销兼顾，致富为本。丛书不但介绍了先进养殖技术，更重要的是总结了全国各地的营销经验，为养殖业者更好地实现科学养殖和经营致富提供了借鉴。

希望这套丛书的出版能为提高渔民科学文化素质，加快渔业科技成果向现实生产力的转变，改善渔民民生发挥积极作用；为加强渔业资源养护和生态环境保护起到促进作用；为进一步加快转变渔业发展方式，调整优化产业结构，推动渔业转型升级，促进经济社会发展做出应有贡献。

本套丛书可供全国水产养殖业者参考，也可作为国家精准扶贫职业教育培训和基层水产技术推广人员培训的教材。

谨此，对本套丛书的顺利出版表示衷心的祝贺！

农业部副部长 于康震

前言

小龙虾学名克氏原螯虾［*Procambarus clarkii* (Girard)］，是一种淡水经济甲壳动物，原产地在北美洲南部，约在20世纪30年代由日本传入我国南京地区，经过多年的繁殖扩增和迁徙，在我国大部分地区都有分布，成为重要的经济虾类，其主产区为我国的长江中下游地区和淮河流域。

小龙虾产业在我国大体可分为3个发展阶段：一是捕捞野生虾加工出口阶段；二是顺应市场需求养殖开发阶段；三是产业化推进打造优势主导产业阶段。可以说小龙虾的加工出口、烹调餐饮带动了养殖产业的发展，已逐渐成为我国水产业发展最为迅速、最具特色、最具潜力的养殖品种，逐渐向产业化、规模化的方向发展，一些地区把它作为支柱产业，呈现出较好的经济效益和良好的发展态势。

为了促进小龙虾养殖产业又好又快地健康发展，满足小龙虾养殖从业者和渔业基层工作人员对该品种养殖技术的迫切需求，笔者在多年亲身实践的基础上，组织多位在第一线从事小龙虾养殖生产研究的、经验丰富的科技人员，将当前小龙虾养殖较为成熟的技术和最新进展，包括主推养殖技术、高效养殖模式、生态环境营造技术、投饲技术、科学管理方法、全国各地的生产实例及市场营销等进行总结，编写成这本《小龙虾高效养殖致富技术与实例》。

全书在编写过程中力求内容简明扼要，语言通俗易懂，形式灵活多样，我们衷心希望本书能为广大水产养殖业者从事科学养殖提供指导，希望本书能成为小龙虾养殖业者发家致富的好帮手。

本书在编写和出版过程中，我们始终坚持高标准、严要求的工作态度，但小龙虾毕竟是近年来新开发的养殖品种，许多概念与技术仍在不断研究和完善中，加之编者水平有限，书中难免有错误和不足之处，敬请广大读者批评指正。

编　者

2016年1月

目录

第一章　小龙虾养殖概述

第一节　小龙虾的特色和文化

小龙虾又称克氏螯虾、红色沼泽螯虾，学名为克氏原螯虾［*Procambarus clarkii*（Girard）］，英文名为 red swamp crayfish 或 red swamp crawfish。因其形态与海水龙虾相似，个头较小，所以常被人们称为淡水小龙虾。小龙虾原产于北美洲南部，随着人类活动（如携带、消费和人工养殖等）的影响，小龙虾种群已广泛分布于非洲、亚洲、欧洲以及南美洲等 30 多个国家和地区。1918 年小龙虾从美国引入日本本州岛，20 世纪 30 年代由日本传入我国南京，开始在南京市及其郊县生存与繁衍。小龙虾适应性广、食性杂、繁殖力强，在较为恶劣的环境条件下也能生存和发展，甚至在一些连鱼类都难以存活的水体也可以生存一段时间。尤其是我国的长江中下游地区和淮河流域，因与小龙虾原产地处于同一纬度，而且这些地区江河、湖泊、池塘、沟渠及水田纵横交错，是我国的水网地带，十分适宜小龙虾的繁殖、生活和生长。随着我国民众对小龙虾认识的提高和人为活动携带的传播，其种群很快扩展到我国安徽、湖北、湖南、北京、天津、山西、陕西、河南、山东、浙江、上海、福建、江西、广东、广西和海南等 20 多个省、直辖市、自治区，并归化为我国自然水体中的一个常见物种，成为重要的经济虾类。随着小龙虾产品的热销，我国的小龙虾捕捞者、国内经销商、加工商、外贸经销商如雨后春笋般发展壮大，很快就形成了捕捉、收购、加工、销售和生物化工一条龙的产业链，并从以江苏为首发展到以长江流域为主的 10 多个省份。目前，我国已成为小龙虾的生产大国和出口大国，引起了世界各国的关注。

小龙虾是一种世界性的食用虾类，18世纪末就成为欧洲人民的重要食物来源，开始被大量食用，20世纪60年代开始进行大规模人工养殖，其经济价值及营养价值得到充分认可，在有些国家甚至形成小龙虾文化。全球有30多个小龙虾节，瑞典在每年的8月都举行为期3周的小龙虾节，届时瑞典全国上下不仅吃小龙虾，而且人们在餐具上、衣服上、活动的场所都绘制小龙虾的图案，场面十分隆重。

从消费发展的历史来看，起初小龙虾作为工作之余的观赏动物，后来较多地用作鱼饵。随着欧美工业的发展，在许多人口密集区，很多饭店用小龙虾做菜，这样使天然的小龙虾资源得到进一步开发，从单纯的鲜活小龙虾买卖发展为专门的小龙虾加工业，根据不同地区的消费习惯，已逐步形成小龙虾系列食品。

第二节　小龙虾的市场与产业现状

一、小龙虾的市场现状

20世纪60年代以来，小龙虾食品已普遍进入饭店、宾馆、超级市场和家庭餐桌。根据不同地区的消费习惯，已逐步形成小龙虾系列食品，目前主要有：冻生龙虾肉、冻生龙虾尾、冻生整肢龙虾、冻熟龙虾虾仁、冻熟整肢龙虾、冻虾黄、水洗龙虾肉及相关副产品等。有些国家由于工业污染等原因，野生资源减退甚至灭绝，又逐步发展了小龙虾养殖业，但仍不能满足消费需求，从而使小龙虾的贸易日益得到发展。

全世界淡水螯虾的总产量为110 000吨左右，其中美国占55%，我国占36%，欧洲占8%，澳大利亚不到2%，小龙虾占整个螯虾产量的70%～80%。20世纪90年代初期，我国小龙虾的采捕量为6 700吨，1995年增加到6.55万吨，1999年接近10万吨。江苏是小龙虾生产的大省，1995年全年产量约3万吨，1999年已上升到6万吨，成为淡水虾类中的主导产品，其产量超过青虾。

我国食用小龙虾的时间较晚，20世纪60年代才进入南京人民的家庭餐桌。进入21世纪后，随着江苏盱眙“龙虾节”的连续成功举办、媒体的报道和广大消费者对小龙虾认识的提高，在全国迅速掀起了“小龙虾”红色风暴，使小龙虾风靡国内市场，吃食小龙虾成为时尚消费，小龙虾成为餐饮业最主要的热门菜肴之一。以小龙虾为特色菜肴的餐馆、排档遍布全国城镇的大街小巷，在南京、上海、武汉、合肥等大中城市，每年的消费量均超过万吨。江苏是我国最大的小龙虾消费省份，消费市场较为成熟，每年消费量有20余万吨，仅南京市场每年的消费量即有约4万吨。据南京餐饮协会统计，2009年南京餐饮企业营业额达210亿元，其中小龙虾占23%，达48亿元。目前，小龙虾餐饮业在做强做大的同时，保持着自身的特色和消费群体，注重品牌效应，如江苏盱眙的“十三香龙虾”、南京的“红透龙虾”“华江龙虾”“红叶龙虾”和金湖的“太明龙虾”，湖北的“楚江红”小龙虾和潜江的“油焖大虾”，北京的“麻辣小龙虾”等品牌。盱眙从2000年开始举办“龙虾节”，最初只是“自娱自乐”，经过多年成功举办，目前已走出国门成为国际性节日，该县从事小龙虾相关产业的农民已近10万人，盱眙也因此名扬天下，小龙虾效应愈来愈大。消费市场的旺盛和内需的扩大，使小龙虾价格逐年上升，以南京水产品批发市场交易价格为例，在年交易量最大的5月，2006年规格50克以上的小龙虾平均价格为15元/千克，2008年同期同规格的小龙虾上涨到25元/千克，涨幅达67%，其他规格的价格两年内也上涨40%以上，2013年小龙虾价格最高，上升到100元/千克，2014年全年的价格较2013年略有回落（表1-1），但全年保持着2011年的价格。由此认为，我国的小龙虾消费人群逐年增加，市场前景十分广阔。目前，南京、盱眙的小龙虾消费价格已成为全国市场的晴雨表。由于小龙虾的资源越来越少，价格逐年攀升，激发了广大养殖业者的热情，促进了养殖业的发展，已在全国掀起了养殖小龙虾的热潮。

表1-1　南京市场5月的小龙虾价格

年份	2007	2009	2010	2011	2012	2013	2014
价格（元/千克）	>25	>40	>50	>70	>80	>100	>80

注：小龙虾规格为50克/尾。

二、小龙虾的产业现状

我国小龙虾产业开发大体可分为3个阶段：一是捕捞野生虾加工出口阶段；二是顺应市场需求养殖开发阶段；三是产业化推进打造优势主导产业阶段。

我国小龙虾的产业起步于20世纪80年代末，以捕捞野生资源进行产品加工出口为主，产品主要包括冻熟虾仁、带壳整虾、冻熟凤尾虾等几大类。小龙虾经过深加工出口，产品附加值大幅提高，每吨商品虾新增产值2万元，获利1万元，增值率高达50%以上。90年代中期我国小龙虾出口较大，每年都有4万吨左右的小龙虾出口至北美洲及欧洲，1999年出口量接近10万吨，其中至少有7万吨出口至美国。进入21世纪后，随着国际市场的变化和国内消费市场的热销，出口量急剧下降，2006年仅出口虾仁19 729吨。近年来小龙虾的加工出口又出现回暖现象，出口量逐年增大，2008年全国出口小龙虾加工产品达2.5万吨，2009年上半年的出口量就超过2万吨，显示了较好的上升势头（表1-2）。我国加工出口均为"订单"企业，加工产品的品种单一，效益比较低，利润大部分落入外商口袋，抗风险能力弱。因此，小龙虾加工技术要应对日益变化的国际市场，开发适合国际国内不同需求的精深加工产品，同时培育有实质意义的利益共同体，建立产业战略合作联盟，通过相互合作、资源共享等有效的治理机制，统筹产业链上各环节的关系，建立上下游企业联合或共同经营机制，以降低交易成本，获取规模经济与范围经济优势，提高企业的竞争优势和出口创汇能力。

表 1-2 2005—2012 年我国小龙虾出口量统计

单位：吨

年份	湖北	江苏	安徽	江西	浙江	湖南	其他	合计
2005	5 245	8 199	2 297	493	2 755	129	4 614	23 732
2006	7 641	8 836	1 715	626	2 653	331	4 208	26 010
2007	8 802	7 197	1 308	887	2 325	261	3 702	24 482
2008	12 525	5 538	1 776	728	2 142	370	730	23 809
2009	11 009	5 375	996	3 744	717	406	1 044	23 291
2010	16 488	6 214	2 265	1 513	1 073	829	2 433	30 815
2011	8 686	2 457	1 841	543	347	299	847	15 020
2012	17 392	3 678	1 642	1 301	—	—	2 910	26 923

小龙虾副产品的精深加工逐渐成为产业发展的新的增长点。如小龙虾的虾壳占整个虾体重的50%～60%，其主要成分是甲壳素，它是一种天然的生物高分子化合物，是仅次于纤维素的第二大可再生资源，且是迄今发现的唯一的天然碱性多糖。但是甲壳素的化学性质不活泼，溶解性很差，若经深加工脱去分子中的乙酰基，则可转变为用途广泛的壳聚糖。以江苏为例，该省从20世纪80年代就开始生产甲壳素，目前该省年生产甲壳素半成品2 000吨以上，价格3万～5万元/吨；甲壳素成品1 000多吨，价格16万～20万元/吨；深加工氨糖800～1 000吨，价格20万元/吨以上，江苏各类甲壳素生产总产值达5亿元以上。目前该省生产的产品有甲壳素、壳聚糖、几丁聚糖胶囊、几丁聚糖、水溶性几丁聚糖、羧甲基几丁聚糖、甲壳低聚糖等，其中80%以上的产品出口日本、欧美等国家和地区。

我国小龙虾养殖产业是由加工和餐饮业的发展而带动起来的，养殖产业发展始于21世纪初，规模较小，效益不稳定。但经过最近几年的快速发展，其产业链已基本形成，成为一些地区发展农村经济、带动农民致富奔小康的地方特色产业和优势产业。此产业链中的第一产业是小龙虾养殖业，第二产业是小龙虾食品和产品加工业，第三产业是以小龙虾为对象发展的餐饮和旅游服务业。在小龙虾产业链中第三产业是小龙虾产业发展的推手，对小龙虾第一产业和第二产业的发展具有巨大的推动作用。正是因为10多年来小龙虾餐饮服务业的火爆，第三产业的快速发展，才有了小龙虾产业如今喜人的局面。

目前我国小龙虾主产区是长江中下游地区和淮河流域的江苏、安徽、湖北、江西、湖南等省份，全国到2009年已超过33.3万公顷，其中湖北13.7万公顷，江苏6.3万公顷，浙江、安徽和江西等省约13.3万公顷。主要养殖模式有：池塘主养、池塘虾蟹混养、滩地围养、稻虾共作养殖、水生蔬菜田（池）养殖等，养殖产量和效益较好，社会经济价值显著。小龙虾养殖极有可能成为仅次于河蟹养殖的又一特种水产养殖品种产业。

第三节　小龙虾养殖的发展趋势

小龙虾生命力极强，适于湖泊、池塘、湿地、江河、水渠、水田和沼泽地养殖，甚至在一些鱼类难以存活的水体也能生存，并能耐40℃以上的高温和－15℃以下的低温，在我国大多数地方都能养殖和自然越冬。淡水小龙虾繁殖力强，在长江中下游地区雌虾每年8月中旬至11月和翌年的3月至5月产卵，产卵数不大，但受精卵发育快，孵化率和幼虾成活率都比较高。小龙虾易饲养、食性杂、生长快，仔虾孵出后，在温度适宜（20～32℃）、饲料充足的条件下，经60天左右饲养即可长成商品虾。且抗病力强、疾病少、成活率高。

自20世纪80年代以来，小龙虾的经济价值受到了主产区民众的重视，尤其是进入21世纪后，江苏盱眙“龙虾节”的连续成功举办，带来了小龙虾在我国市场的热销，成为各方关注的热点。市场的需求促进了养殖的发展，虽然我国小龙虾人工养殖的历史并不很长，但养殖规模的扩张却十分迅速。2005年仅有零散的养殖出现，到2013年全国的养殖面积已发展到56.7万公顷以上，群众养殖小龙虾的热情高涨，养殖技术也日趋成熟，产量逐年增加（表1-3）。

表1-3　2005—2012年我国小龙虾产量统计

单位：吨

年份	湖北	江苏	安徽	江西	浙江	湖南	其他	合计
2005	23 858	31 156	16 925	11 001	2 322	529	2 458	88 249
2006	35 053	25 373	45 337	19 722	1 692	949	2 400	130 526
2007	129 923	42 968	57 617	24 757	2 854	1 065	6 259	265 443
2008	186 371	58 549	73 637	29 405	4 376	1 432	749	354 519
2009	244 579	85 595	83 921	43 498	5 017	1 508	15 256	479 374
2010	308 249	93 779	85 214	51 687	5 665	1 656	17 031	563 281
2011	231 119	86 253	88 379	55 790	5 130	—	19 648	486 319
2012	302 179	83 700	85 700	58 387	—	1 999	22 856	554 821

一、创响形成一批小龙虾品牌

小龙虾是外来物种，在我国的文化底蕴较浅，虽然有“龙虾节”等活动，但小龙虾是甲壳类动物，通常情况下，甲壳类动物的产品质量与养殖方式、饲料和水域环境等很大关系，随着小龙虾养殖的快速发展，市场供求将出现逆转，小龙虾养殖将向着标准化品牌养殖方向发展。通过品牌创建，拓展营销空间，提升商品小龙虾附加值，通过市场和政府的综合作用，促进资金、劳动力、技术等各种生产要素向这些品牌产品聚集，做大做强一批具有较强市场竞争力的小龙虾品牌，形成一批如“盱眙龙虾”“溱湖龙虾”“楚江红龙虾”“潜江龙虾”等耳熟能详的知名小龙虾品牌。

二、软壳小龙虾生产技术将被突破

小龙虾是大众食品，由于其可食部分较低，影响了价值的进一步提升。而软壳虾的可食部分能提高到90%以上，试验表明，吃食小龙虾所去掉的壳约占体重的54.5%，但软壳小龙虾并没有失重的现象，失重率仅为0.08%，可以忽略不计。原因是小龙虾在蜕壳过程中大量吸水，去掉的壳是人类不易消化吸收的几丁质和碳酸钙等，胃中的钙石平均只占软壳虾体重的0.93%，再加上虾的胃和肠道，也不会超过软壳虾体重的2%，因此，软壳虾的可食部分可提高到90%以上。小龙虾在蜕壳过程中将整个身体的外壳全部蜕掉，包括虾的所有附肢、鳃和胃，蜕了壳的软壳虾，非常干净、卫生，外观美丽，特别是由于软壳小龙虾整体都可以吃，食用方便，且营养丰富的虾黄得到了充分利用。软壳小龙虾既是宾馆、酒楼的高档菜肴，又是普通百姓餐桌上的特色菜，具有较强的市场竞争力。美国和欧洲是世界生产和消费软壳虾最多的地区，其市场价格是硬壳虾的10倍。因此，开发软壳小龙虾生产技术既有较好的经济价值，也有十分广阔的市场前景。

三、从野生捕捞向优质高效养殖过渡

小龙虾产业以前是重捕捞、轻养殖，其资源广泛分布于我国长江中下游，包括江苏、湖北、湖南、江西、浙江、安徽、山东等省份。从湖区分布看，江苏的洪泽湖、大纵湖，湖北的洪湖、潜江地区，湖南的洞庭湖，江西的鄱阳湖，安徽的巢湖，山东的微山湖等都是小龙虾的集中栖息地。江苏是我国小龙虾生产加工的发源地，也曾是我国小龙虾的最大产区，汇集了全国半数以上的加工厂。2003年后，因过度捕捞，资源逐年减少，江苏的“老大”地位逐渐被后来居上的湖北省所取代。目前小龙虾养殖逐步向优质、规模化方向发展，江苏、安徽、湖北、江西等地都是小龙虾的主养区域，群众养殖热情高涨，养殖户已从追求养殖产量转向追求养殖品质、养殖效益，户均养殖规模也不断扩大，在全国范围内已建立了多处近百公顷连片的优质苗种繁育生产试验示范基地及优质、高产小龙虾养殖标准化示范基地。

第二章 小龙虾的生物学特性

第一节 分类与分布

全世界共有淡水小龙虾 500 多种，绝大部分种生活在淡水里，少数一些种生活在黑海与里海的半咸水中，是典型的北半球温带内陆水域动物，分 3 个科（蟹虾科 Astacidae、螯虾科 Cambaridae、拟螯虾科 Parastacidae），12 个属。北美洲是小龙虾分布最多的大陆，分布在北美洲的有 2 个科（蟹虾科、螯虾科），362 个种和亚种；其次为澳洲，有 110 多个种，仅澳大利亚就有 97 个种；欧洲有 16 个种；南美洲有 8 个种；亚洲有 7 个种，分布在西亚以及我国、朝鲜、日本等地。

本书介绍的小龙虾学名克氏原螯虾（*Procambarus clarkii*），是淡水类螯虾，在分类上属动物界（Animalia）、节肢动物门（Arthropoda）、甲壳纲（Crustacea）、十足目（Decapoda）、爬行亚目（Reptantia）、螯虾科（Cambaridae）、原螯虾属（*Procambarus*）。

小龙虾最初只分布在墨西哥东北部和美国中南部。随着人类和其他因素的影响，在美国逐渐扩散到至少 15 个洲。现在在非洲、亚洲、欧洲以及南美洲，小龙虾已是常见动物了。小龙虾于 1918 年移殖到日本的本州岛，于 20 世纪 30 年代由日本引进我国，起初在江苏南京及其郊县繁衍，随着自然种群的扩展和人工养殖的开展，现已广泛分布于我国的新疆、甘肃、宁夏、内蒙古、山西、陕西、河南、河北、天津、北京、辽宁、山东、江苏、上海、安徽、浙江、江西、湖南、湖北、重庆、四川、贵州、云南、广西、广东、福建及海南等 20 多个省、自治区、直辖市，成为我国重要的水产资源。目前我国已成为小龙虾的养殖大国和出口大国，引起了世界各国的关注。

第二节　形态特征

一、外部形态

小龙虾体表具坚硬的外骨骼。体形粗短，左右对称，整个身体由头胸部和腹部两部分组成，头部和胸部粗大完整，且完全愈合，是一个整体，称为头胸部，其前端有一额角，呈三角形。额角表面中间凹陷，两侧隆脊，具有锯齿状尖齿，尖端锐刺状。头胸甲中部有两条弧形的颈沟，组成一倒“人”字形，两侧具粗糙颗粒。腹部与头胸部明显分开，分为头胸部和腹部。该虾全身由21个体节组成，除尾节无附肢外共有附肢19对，其中头部5对，胸部8对，腹部6对，尾节与第六腹节的附肢共同组成尾扇（彩图1）。小龙虾游泳能力甚弱，善匍匐爬行。

1. 头胸部

头胸部特别粗大，由头部6节和胸部8节愈合而成，外被头胸甲。头胸甲坚硬，钙化程度高，长度几乎占体长的1/2。额剑呈三角形，光滑、扁平，中部下陷成槽状，前端尖细。额剑基部两侧各有一带眼柄的复眼，可自由转动。头胸甲背面与胸壁相连，两侧游离形成鳃腔。头胸甲背部中央有一条横沟，即颈沟，是头部与颈部的分界线。头胸部附肢共有13对（表2-1）。头部5对，前2对为触角，细长鞭状，具感觉功能；后3对为口肢，分别为大颚和第一、第二小颚。大颚坚硬而粗壮，内侧有基颚，形成咀嚼，内壁附有发达的肌肉束，利于咬切和咀嚼食物。胸部胸肢8对，前3对为颚足，后5对为步足。小龙虾第一步足也称螯足。

2. 腹部

腹部分节明显，包括尾节共7节，节间有膜，外骨骼通常分为背板、腹板、侧板和后侧板，尾节扁平。腹部附肢6对（表2-1），双肢型，称为腹肢，又称为游泳肢，但不发达。雄性个体第

一、第二对腹肢变为管状交接器，雌性个体第一对腹肢退化。尾肢十分强壮，与尾柄一起合称尾扇。

3. 体色

小龙虾的全身覆盖由几丁质、石灰质等组成的坚硬甲壳，对身体起支撑、保护作用，称为“外骨骼”。性成熟个体呈暗红色或深红色，未成熟个体为青色或青褐色，有时还见蓝色。小龙虾的体色常随栖息环境不同而变化，如生活在长江中的小龙虾成熟个体呈红色，未成熟个体呈青色或青褐色；生活在水质恶化的池塘、河沟中的小龙虾成熟个体常为暗红色，未成熟个体常为褐色，甚至黑褐色。这种体色的改变，是对环境的适应，具有保护作用。

表 2-1　小龙虾各附肢的结构与功能

体节		附肢名称	结构/分节数			功能
			原肢	内肢	外肢	
头部	1	小触角	基部有平衡囊/3	连接成短触须	连接成短触须	嗅觉、触觉、平衡
	2	大触角	基部优腺体/2	连接成长触须	宽薄的叶片状	嗅觉、触觉
	3	大颚	内缘有锯齿/2	末端形成触须/2	退化	咀嚼食物
	4	第一小颚	薄片状/2	很小/1	退化	摄食
	5	第二小颚	两裂片状/2	末端较尖/1	长片状/1	摄食、激动鳃室水流
胸部	6	第一颚足	片状/2	小而窄/2	非常细小/2	感觉、摄食
	7	第二颚足	短小、有鳃/2	短而粗/5	细长/2	感觉、摄食
	8	第三颚足	有鳃、愈合/2	长、粗而发达/5	细长/2	感觉、摄食
	9	第一步足	基部有鳃/2	粗大、呈螯状/5	退化	攻击和防卫
	10	第二步足	基部有鳃/2	细小、呈钳状/5	退化	摄食、运动、清洗
	11	第三步足	基部有鳃，雌虾基部有生殖孔/2	细小、呈钳状，成熟雄性有刺钩/5	退化	摄食、运动、清洗
	12	第四步足	基部有鳃/2	细小、呈爪状，成熟雄性有刺钩/5	退化	运动、清洗
	13	第五步足	基部有鳃，雄性基部有生殖孔/2	细小/5	退化	运动、清洗

（续）

体节	附肢名称	结构/分节数			功能
		原肢	内肢	外肢	
	14 第一腹肢	雌性退化，雄性演变成钙质的交接器			雄性输送精液
	15 第二腹肢	雄性联合成圆锥形管状交接器			雄性辅助第一腹肢
	16 第三腹肢	雌性短小/2	雌性成分节的丝状体	雌性连接成丝状体	雌性有激动水流，抱卵和保护幼体的功能
腹部	17 第四腹肢	短小/2	分节的丝状体	丝状	激动水流，雌性还有抱卵和保护幼体功能
	18 第五腹肢	短小/2	分节的丝状体	丝状	激动水流，雌性还有抱卵和保护幼体功能
	19 第六腹肢	短而宽/1	椭圆形片状/1	椭圆形片状/1	游泳，雌性还有保护卵的功能

二、内部形态

小龙虾属节肢动物门，体内无脊椎，整个体内分为消化系统、呼吸系统、循环系统、神经系统、生殖系统、肌肉运动系统、内分泌系统、排泄系统八大部分（图2－1）。

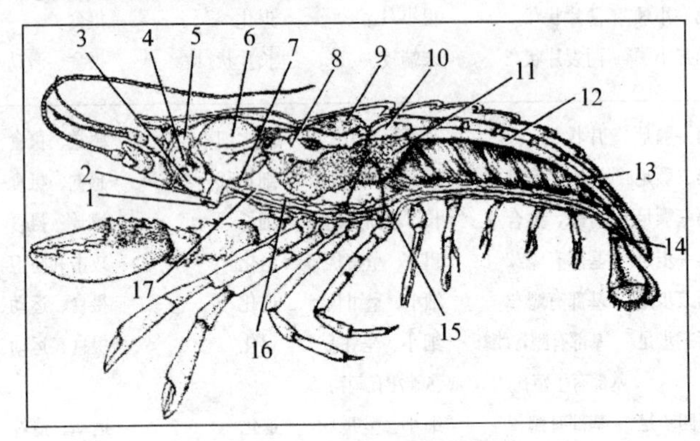

图2－1 小龙虾的内部结构

1. 口 2. 食管 3. 排泄管 4. 膀胱 5. 绿腺 6. 胃 7. 神经 8. 幽门胃 9. 心脏 10. 肝胰脏 11. 性腺 12. 肠 13. 肌肉 14. 肛门 15. 输精管 16. 副神经 17. 神经节

1. 消化系统

小龙虾的消化系统由口器、食管、胃、肠、肝胰脏、直肠及肛门组成。口开于大颚之间，后接食管，食管很短，呈管状。食物由口器的大颚切断咀嚼送入口中，经食管进入胃。胃膨大，分贲门胃和幽门胃两部分，贲门胃的胃壁上有钙质齿组成的胃磨，幽门胃的内壁上有许多刚毛。食物经贲门胃进一步磨碎后，经幽门胃过滤进入肠，在头胸部的背面，肠的两侧各有一个黄色分支状的肝胰脏，肝胰脏有肝管与肠相通。肠的后段细长，位于腹部的背面，其末端为球形的直肠，通肛门，肛门开口于尾节的腹面。在胃囊内，胃外两侧各有一个白色或淡黄色，半圆形纽扣状的钙质磨石，蜕壳前期和蜕壳期较大，蜕壳间期较小，起着钙质的调节作用。

肝胰脏较大，呈黄色或暗橙色，由很多细管状构造组成，有管通中肠。肝胰脏除分泌消化酶帮助消化食物外，还具有吸收储藏营养物质的作用。

2. 呼吸系统

小龙虾的呼吸系统由鳃组成，共有鳃 17 对，在鳃室内。其中 7 对鳃较为粗大，与后 2 对颚足和 5 对胸足的基部相连，鳃为三棱形，每棱密布排列许多细小的鳃丝。其他 10 对鳃细小，薄片状，与鳃壁相连。鳃室的前部有一空隙通往前面，小龙虾呼吸时，颚足驱动水流入鳃室，水流经过鳃完成气体交换，溶解在水中的二氧化碳，通过扩散作用，进行交换，完成呼吸作用。水流的不断循环，保证了呼吸作用所需氧气的供应。

3. 循环系统

小龙虾的循环系统由一肌肉质的心脏和一部分血管及许多血窦组成，为开放式系统。心脏位于头胸部背面的围心窦中，为半透明，多角形的肌肉囊，有 3 对心孔，心孔内有防止血液倒流的膜瓣。血管细小，透明。由心脏前行有动脉血管 5 条，由心脏后行有腹上动脉 1 条，由心脏下行有胸动脉 2 条。虾类无主细血管，血液由组织间隙经各小血窦，最后汇集于胸窦，再由胸窦送入鳃，经净化、吸收氧气后回到围心窦，然后再经过心脏进入下一个循环。

小龙虾的血液即是体液，为一种透明、无色的液体，由血浆和血细胞组成。血液中含血蓝素，其成分中含有铜元素，与氧气结合呈现蓝色。

4. 神经系统

小龙虾的神经系统由神经节、神经和神经索组成。神经节主要有脑神经节、食道下神经节等，神经则是链接神经节通向全身，从而使虾能正确感知外界环境的刺激，并迅速做出反应。小龙虾的感觉器官为第一、第二触角以及复眼和生在小触角基部的平衡囊，各司职嗅觉、触觉、视觉及平衡。现代研究证实，小龙虾的脑神经干及神经节能够分泌多种神经激素，这些神经激素起着调控小龙虾的生长、蜕壳及生殖生理过程。

5. 生殖系统

小龙虾雌雄异体，其雄性生殖系统包括精巢3个，输精管1对及位于第五步足基部的1对生殖突。精巢呈三叶状排列（彩图2），输精管有粗细2根，通往第五步足的生殖孔。其雌性生殖系统包括卵巢3个，呈三叶状排列（彩图3），输卵管1对通向第三对步足基部的生殖孔。小龙虾雄性的交接器和雌性的纳精囊虽不属于生殖系统，但在小龙虾的生殖过程中起着非常重要的作用。

6. 肌肉运动系统

小龙虾的肌肉运动系统由肌肉和甲壳组成，甲壳又被称为外骨骼，起着支撑的作用，在肌肉的牵动下起着运动的功能。

7. 内分泌系统

小龙虾的内分泌系统在现有资料中提到的很少，其实小龙虾是有内分泌系统的，只是它的许多内分泌腺与其他结构组合在一起了。实践证明小龙虾的内分泌系统能分泌多种调控蜕壳、精（卵）细胞蛋白合成和性腺发育的激素。

8. 排泄系统

小龙虾的头部大触角基部内部有1对绿色腺体，腺体后有1个膀胱，由排泄管通向大触角的基部，并开口于体外。

第三节 生活习性

一、栖息

小龙虾喜阴怕光，常栖息于沟渠、坑塘、湖泊、水库、稻田等淡水水域中，营地栖生活，具有较强的掘穴能力，也能在河岸、沟边、沼泽，借助螯足和尾扇，造洞穴，栖居繁殖，当光线微弱或黑暗时爬出洞穴，通常抱住水体中的水草或悬浮物，呈“睡眠”状。受到惊吓或光线强烈时则沉入水底或躲藏于洞穴中，具有昼夜垂直运动现象。受惊或遇敌时迅速向后，弹跳躲避。小龙虾离水后，保持湿润还能生活 7～10 天。小龙虾白天潜于洞穴中，傍晚或夜间出洞觅食、寻偶。非产卵期 1 个穴中通常仅有 1 只虾，产卵季节大多雌雄成对同穴，偶尔也有一雄两雌处在 1 个洞穴的现象出现。小龙虾性喜斗，似河蟹具有较强的领域行为。

1. 环境要求

小龙虾适应性广、对环境要求不高，无论江河、湖泊、水渠、水田和沟塘都能生存，出水后若能保持体表湿润，可在较长时间内保持鲜活，有些个体甚至可以忍受长达 4 个月的干旱环境。溶解氧是影响小龙虾生长的一个重要因素。小龙虾昼伏夜出，耗氧率昼夜变化规律非常明显，正常生长要求溶氧量在 3 毫克/升以上。在水体缺氧时，它不但可以爬上岸，还可以借助水中的漂浮物或水草将身体侧卧于水面，利用身体一侧的鳃呼吸以维持生存。养殖生产中，增氧和换水是获得高产优质商品虾的重要条件。流水可增加水体溶解氧，刺激小龙虾蜕壳，促进其生长；换水能减少水中悬浮物，保持水质清新，提高水体溶氧量。在这种条件下生长的小龙虾个体饱满，背甲光泽度强，腹部无污物，因而价格较高。

2. 水温

小龙虾生长适宜水温为 20～32 ℃，当温度低于 20 ℃或高于 32 ℃时，生长率下降。成虾耐高温和低温的能力比较强，能适应 40 ℃以上的高温和－15 ℃的低温。在珠江流域、长江流域和淮河流域均能自然越冬。

3. pH

小龙虾喜欢中性和偏碱性的水体，pH在7.0～9.0最适合其生长和繁殖。

二、行为

1. 攻击行为

小龙虾生性好斗，在饲料不足或争夺栖息洞穴时，往往出现相互搏斗现象。小龙虾个体间较强的攻击行为将导致种群内个体的死亡，引起种群扩散和繁殖障碍。有研究指出，小龙虾幼体就显示出了种内攻击行为，当幼虾体长超过2.5厘米时，相互残杀现象明显，在此期间如果一方是刚蜕壳的软壳虾，则很可能被对方杀死甚至吃掉。因此，人工养殖过程中应适当移植水草或在池塘中增添隐蔽物，以增加环境复杂度，减少小龙虾之间相互接触的机会。

2. 领域行为

小龙虾领域行为明显，它们会精心选择某一区域作为其领域，在其区域内进行掘洞、活动、摄食，不允许其他同类的进入，只有在繁殖季节才有异性的进入。笔者研究发现，在人工养殖小龙虾时，有人工洞穴的小龙虾存活率为92.8%，无人工洞穴的对照组存活率仅为14.5%，差异极显著。究其原因主要是小龙虾领域性较强，当多个拥挤在一起的小龙虾进入彼此领域内时就会发生打斗，进而导致死亡。

3. 掘洞行为

小龙虾在冬、夏两季营穴居生活，具有很强的掘洞能力，且掘洞很深。大多数洞穴的深度在50～80厘米，约占测量洞穴的70%，部分洞穴的深度超过1米。小龙虾的掘洞习性可能对农田、水利设施有一定影响，但到目前为止，还没有发现因淡水小龙虾掘洞而引起毁田决堤的现象。小龙虾的掘洞速度很快，尤其在放入一个新的生活环境中后尤为明显。洞穴直径不定，视虾体大小有所区别，此类洞穴常为横向挖掘的，然后转为纵向延伸，直到洞穴底部有水为止，在此过程中如遇水位下降，虾会继续向下挖掘，直到洞穴底部有水或潮湿。小龙虾挖好洞穴后，多数都要加以覆盖，即将泥土等物堵住唯一的出入口，但在外还是能明显看到有一个洞口的。小龙虾掘洞的洞口位置通常选择在水平面处，但这种选择常因水位的变化而使洞口高出或低于水平面，故而一般在水面上下20厘米处，小龙虾洞口较多。但小龙虾掘洞的位置选择并不很严格，在水上池埂，水中斜坡，及浅水区的池底部都有小龙虾洞穴，较集中于水草茂盛处。

水体底质条件对小龙虾掘洞的影响较为明显，在底质有机质缺乏的沙质土，小龙虾打洞现象较多，而硬质土打洞较少。在水质较肥，底层淤泥较多，有机质丰富的条件下，小龙虾洞穴明显减少。但是，无论在何种生存环境中，在繁殖季节小龙虾打洞的数量都明显增多。

4. 趋水行为

小龙虾有很强的趋水流性，喜新水活水，逆水上溯，且喜集群生活。在养殖池中常成群聚集在进水口周围。下大雨天，该虾可逆向水流上岸边做短暂停留或逃逸，水中环境不适时也会爬上岸边栖息，因此养殖场地要有防逃的围栏设施。

三、食性与摄食

小龙虾的食性很杂，植物性饵料和动物性饵料均可食用，各种鲜嫩的水草，水体中的底栖动物、软体动物、大型浮游动物、鱼卵，以及各种动物的尸体都是小龙虾的喜食饲料。在生长旺季，池塘下风处浮游植物很多的水面，能观察到小龙虾将口器置于水平面处用两只大螯不停划动水流将水面藻类送入口中的现象，表明小龙虾甚至能够利用水中的藻类。

小龙虾的食性在不同的发育阶段稍有差异。刚孵出的幼虾以其自身存留的卵黄为营养，之后不久便摄食轮虫等小浮游动物，随着个体不断增大，摄食较大的浮游动物、底栖动物和植物碎屑。成虾兼食动物和植物，主食植物碎屑、动物尸体，也摄食水蚯蚓、摇蚊幼虫、小型甲壳类及一些其他水生昆虫。由于其游泳能力较差，在自然条件下对动物性饲料捕获的机会少，因此在该虾的食物组成中植物性成分占 98%以上（表 2－2）。在养殖小龙虾时种植水草可以大大节约养殖成本。小龙虾喜爱摄食的水草有苦草、轮叶黑藻、凤眼莲、喜旱莲子草、水花生等。池中种植水草除了可以作为小龙虾的饲料外，还可以为虾提供隐蔽、栖息的理想场所，同时也是虾蜕壳的良好场所。

小龙虾摄食方式是用螯足捕获大型食物，撕碎后再送给第二、第三步足抱食。小型食物则直接用第二、第三步足抱住啃食。小龙虾猎取食物后，常常会迅速躲藏，或用螯足保护，以防其他虾来抢食。

小龙虾的摄食能力很强，且具有贪食、争食的习性，饵料不足或群体过大时，会有相互残杀的现象发生，尤其会出现硬壳虾残杀并吞食软壳虾的现象。小龙虾摄食多在傍晚或黎明，尤以黄昏为多，人工养殖条件下，经过一定的驯化，白天也会出来觅食。小龙虾耐饥饿能力很强，十几天不进食，仍能正常生活。其摄食强度在适温范围内随水温的升高，摄食强度增加。摄食的最适水温为25～30 ℃，水温低于 8 ℃或超过 35 ℃摄食明显减少，甚至不摄食。

表 2－2　天然水域中小龙虾的食物组成、出现频率及重量百分比

食物名称	洞庭湖		洪湖		鄱阳湖	
	出现率（%）	重量比（%）	出现率（%）	重量比（%）	出现率（%）	重量比（%）
菹草	46.2	24.1	9.6	20.7	45.6	22.4
马来眼子菜	33.5	13.3	12.7	13.8	35.6	13.6
金鱼藻	41.5	11.7	3.8	12.1	24.6	10.2
轮叶黑藻	36.9	20.6	12.4	15.6	37.8	18.6
黄丝藻	12.7	4.8	35.7	12.3	21.4	8.5
植物碎片	32.5	15.6	35.4	15.9	36.5	16.4
丝状藻类	41.5	4.8	43.7	5.2	45.8	5.5
轮虫	11.5	0.5	12.8	0.4	13.5	0.5

（续）

食物名称	洞庭湖		洪湖		鄱阳湖	
	出现率（%）	重量比（%）	出现率（%）	重量比（%）	出现率（%）	重量比（%）
枝角类	7.9	0.7	5.8	0.3	6.7	0.4
桡足类	10.3	0.8	9.8	0.6	9.4	0.5
昆虫类	32.6	1.2	35.6	1.5	36.2	1.6
鱼类	14.6	0.6	15.4	0.5	16.4	0.6
水蚯蚓	15.6	0.8	16.5	0.7	15.9	0.8
摇蚊幼虫	10.6	0.6	9.8	0.4	8.7	0.4

第四节　繁殖习性

一、雌雄虾鉴别

小龙虾雌雄有所区别，主要可通过以下三种方法鉴别（彩图4、彩图5）。

① 雌虾的第一腹肢退化，很细小，第二腹肢正常；雄虾第一、第二腹肢变成管状较长，为淡红色，第三、四、五腹肢为白色。

② 雄性的螯足比雌性的发达，性成熟的雄性螯足两端外侧有一明亮的红色软疣；成熟的雄虾在螯上有倒刺，倒刺随季节而变化，春夏交配季节倒刺长出，而秋冬季节倒刺消失，雌虾没有倒刺。

③ 同龄亲虾个体，雄虾比雌虾大。

二、繁殖季节

小龙虾卵巢发育是从I～V期，产过卵后即为VI期。I期从幼体发育开始，II期有两种情况：由Ⅰ期直接发育到Ⅱ期；由Ⅵ期恢复到Ⅱ期，后者的标志是除了第二时相的卵细胞外，还有第三、第四时相的卵细胞。Ⅴ期是性腺成熟阶段，持续时间不长很快就产卵。

小龙虾性腺发育与季节变化和地理位置有很大关系。在长江流域，自然水体中的小龙虾一年中有两个产卵高峰期，一个在春季的3—5月，另一个在秋季的9—11月。秋季是小龙虾的主要产卵季节，产卵群体大，产卵期也比春季的长。

三、产卵周期

从性腺周年变化可以看出，小龙虾一年中有两个产卵群。一年中究竟是一次产卵，还是多次产卵，可以从性腺发育的组织切片中了解：当性腺发育到Ⅳ期时，基本无第二、第三时相的卵细胞，或在Ⅴ期时以第五时相卵细胞占优势，则可以认为是属一次性产卵类型。小龙虾在产卵后的卵巢（Ⅵ期）中，个别第三、第四时相的卵细胞，均为败育细胞。卵母细胞进入恢复Ⅱ期，所以说它的两个产卵群是相互独立的，不是多次产卵类型。小龙虾在产卵后有相当一段时间的抱卵期（该时间的长短，随水温而变化），此时性腺停滞在恢复Ⅱ期。根据实验室培养结果，4月产卵的虾到10月其性腺也只发育到Ⅲ期，随着水温的降低，当年不可能第二次产卵。而秋季产卵虾同样也不可能第二次产卵。当年产出的幼虾需要生长7～8个月才能达到性成熟，也不可能当年繁殖。

从一年的两个产卵群数量比较，秋季的高于春季的，产卵期也比春季的长。所以秋季是小龙虾的主要产卵季节。苏联的蒙纳斯蒂尔斯于1955年划分鱼类产卵群体的概念也适用于小龙虾：“产卵群体常常是由两部分组成的：一部分是第一次性成熟的个体（称为补充群体），另一部分重复进行产卵的个体（称为剩余群体）”。从产卵个体的大小来看，春季产卵的主要是以剩余群体为主（体长通常在9.0厘米以上），秋季的既有补充群体，也有相当比例的剩余群体。

Huner在1984年研究了美国路易斯安那州的小龙虾后认为，一年能有两个世代产生。产卵期的开始，很大程度上受环境因素的影响，如水文周期、降水量和水温等。他认为13℃以下，卵的成熟、孵化和个体的生长都严重地被抑制，水位的变动对产卵期的推迟或提前也有很大影响。舒新亚在1991年的研究认为：每年8—12月是小龙虾的产卵期，在武汉地区一年产卵一次。魏青山于

1985 年的研究也认为是 9 月达到性成熟，通常在 10 月产卵，极少数在 4 月至 5 月上旬产卵。上述的研究结果虽说法不一，但一年有两个产卵期是与我们的研究基本相吻合的。

小龙虾在一年中有 7 个月左右的产卵期，性腺发育的各个阶段交互存在，早期同龄个体的大小不一等特点恐怕是对于它们的栖息地（水域和陆地交接地带）的不稳定环境（如水位、水质和水温等）的一种适应。

四、卵巢的发育分期

小龙虾因精巢的发育在外形上很难辨别，通常以卵巢为主，魏青山在 1985 年根据卵巢的外部形态、颜色和卵径的大小分为 5 期：未发育期（Ⅰ期）、发育早期（Ⅱ期）、发育期（Ⅲ期）、成熟期（Ⅳ期）、枯竭期（Ⅴ期），但他们对卵巢的分期仅凭外形判断，难免会出现与卵巢实际情况不符的错误。笔者根据卵巢颜色的变化，外观特征，性腺成熟系数（GSI）和组织学特征，参照李胜等人用过的分期法，把小龙虾的卵巢发育分成 7 个时期：未发育期、发育早期、卵黄发生前期、卵黄发生期、成熟期、产卵后期和恢复期。根据卵巢外观的分期方法见表 2-3。

表 2-3　小龙虾的卵巢发育分期

卵巢发育时期	卵巢外观
1 未发育期	白色透明，不见卵粒
2 发育早期	白色半透明的细小卵粒
3 卵黄发生前期	均匀的淡黄色至黄色卵粒，卵径 10～300 微米
4 卵黄发生期	
a 初级卵黄发生期	黄色至生黄色卵粒，卵径 250～500 微米
b 次级卵黄发生期	黄褐色至深褐色卵粒，卵径 450 微米至 1.6 毫米
5 成熟期	深褐色卵粒，卵径 1.5 毫米以上
6 产卵后期	
a 抱卵虾期	产卵后卵巢内残存有粉红至黄褐色卵粒
b 抱仔虾期	白色透明，不见卵粒
7 恢复期	白色半透明的细小卵粒

五、交配与产卵

1. 交配

小龙虾有其特殊性，雌雄交配前，皆不蜕壳，行将交配时，互相靠近，雄虾追逐雌虾，乘其不备，将其扳倒，用第二至第五对步足抱紧雌虾头胸部，用螯足夹紧雌虾螯足，雌虾第二至第五对步足伸向前方，也被雄虾螯足夹牢，然后两虾侧卧，生殖孔紧贴，雄虾头胸昂起，交接器插入雌虾生殖孔，用其齿状突起钩紧生殖孔凹陷处，尾扇紧紧相交，在两虾腹部紧贴时，雄虾将乳白色透明的精荚射出，附着在雌虾第四和第五步足之间的纳精器中，产卵时成熟卵通过纳精器而受精。交配时两虾神态安详，交配结束后，雄虾疲乏，远离雌虾休息，而雌虾则活跃自由，不时用步足抚摸虾体各部。小龙虾交配时间长短不一，短者仅 5 分钟，长者能达 1 小时以上，一般为10～20 分钟；小龙虾有多雄交配的行为，即一只雌虾在产卵前会和多尾雄虾交配，大部分雌虾有被迫交配的特征；所以，交配次数没有定数，有的仅交配 1 次，有的交配 3～5 次，每个交配的雄虾都有后代遗传，但总有一只雄虾为主导；雌虾交配间隔短者几小时，长者 10 多天。小龙虾的纳精器为封闭式纳精囊，雌虾的卵母细胞要交配后才开始发育。

2. 产卵

小龙虾每年春秋为产卵季节，产卵行为均在洞穴中进行，产卵时虾体弯曲，游泳足伸向前方，不停地扇动，以接住产出的卵粒，附着在游泳足的刚毛上，卵随虾体的伸曲逐渐产出。

产卵结束后，尾扇弯曲至腹下，并展开游泳足包被，以防卵粒散失。整个产卵过程 10～30 分钟。小龙虾的卵为圆球形，晶莹光亮，不是直接粘在游泳足上，而是通过一个柄（也称卵柄）与游泳足相连。

刚产出的卵呈橘红色，直径 1.5～2.5 毫米，随着胚胎发育的进展，受精卵逐渐呈棕褐色（彩图 7），未受精的卵逐渐变为混浊白色，脱离虾体死亡。小龙虾每次产卵 200～700 粒，最多也发现有抱 1 000 粒卵以上的抱卵亲虾。卵粒多少与亲虾个体大小及性腺发育有关。

3. 孵化

小龙虾的胚胎发育时间较长，水温 18～20 ℃，需 30～40 天，如果水温过低，孵化期最长可达 2 个月。亲虾在整个孵化过程中，亲虾腹部的游泳肢会不停地摆动，形成水流，保证受精卵孵化对溶解氧的需求，同时亲虾会利用第二、第三步足及时剔除未受精的卵及病变、坏死的受精卵，保证好的受精卵孵化能顺利进行。

4. 护幼习性

刚孵出的幼体为溞状幼体，体色呈橘红色，倒挂于雌虾的附肢上；蜕壳后成Ⅰ期幼虾，形态似成虾，小龙虾亲虾有护幼习性，刚孵出的幼虾一般不会远离雌虾，在雌虾的周围活动，一旦受到惊吓会立即重新附集到母体的游泳肢上，躲避危险（彩图 8）。幼虾蜕壳 3 次后，才离开雌虾营独立生活。

六、生长习性

小龙虾生长速度较快，春季繁殖的虾苗，一般经 2～3 个月的饲养，就可达到规格为 8 厘米以上的商品虾。小龙虾是通过蜕壳实现生长的，蜕壳的整个过程包括蜕去旧甲壳，个体由于吸水迅速增大，然后新甲壳形成并硬化。因此小龙虾的个体增长在外形上并不连续，呈阶梯形，每蜕一次壳，上一个台阶。小龙虾在生长过程中有青壳虾和红壳虾，青壳小龙虾是当年生的新虾，一般出现在上半年，池水深、水温低的水体较多，通常经过夏天后大部分为红壳小龙虾。小龙虾的蜕壳与水温、营养及个体发育阶段密切相关，刚孵出的幼虾一般 2～3 天就蜕壳一次，以后逐步延长蜕壳间隔时间，如果水温高、食物充足，则蜕壳时间间隔短，冬季低温时期一般不蜕壳。小龙虾在一天中以 08:00—10:00 蜕壳较多。

第三章　小龙虾主推养殖技术和高效养殖模式

第一节　小龙虾养殖选择与设计

小龙虾适应环境的能力很强，一些常规的鱼、虾、蟹类不能存活的水域，小龙虾也能生活。营造良好的养殖环境，能有效地提高小龙虾养殖产量，减少生产成本，降低劳动强度，达到高产、高效的目的。建立一个小龙虾养殖场，首先要考虑场地是否适宜其生活与生长，小龙虾昼伏夜出，营浅水底栖生活，喜逆水，冬夏穴居，有占地盘习性，温度适应范围 0～37 ℃，要求 pH 5.8～8.2，对重金属、敌百虫、菊酯类等杀虫剂非常敏感，根据这些特点，可从水源水质、土壤和植被 3 个方面来营造良好的养殖环境。

一、养殖场地的选择

1. 水源与水质

水源要求水质好，水量足，江河、湖泊、水库等都可做养殖的水源。建池前要掌握当地的水文、气象资料，旱季要求能储水备旱，雨季要能防洪抗涝。水质好坏是养好小龙虾的关键。近些年来，由于我国工农业生产的发展，江河、湖泊的水源受到不同程度的污染。因此，在选择场地建虾池时，要求养殖场周围 3 千米以内无污染源，水质清净，无污染，必须符合《无公害食品　淡水养殖用水水质》（NY 5051）的要求。

2. 土壤与底泥

小龙虾有冬夏穴居的习性，交配产卵和孵化幼体也大多在洞穴中进行。因此，养殖池塘土壤土质的好坏是小龙虾养殖成败的一个重要因素。土壤可分为壤土、黏土、沙土粉土、砾质土等。用于苗种繁育的池塘土质以壤土、黏土为宜；壤土和黏质土池塘，保水力强，水中的营养盐类不易渗漏损失，小龙虾挖掘洞穴不易塌陷，有利于小龙虾的苗种繁殖与生长。其他土质养殖池塘只要不渗漏水，能够种植水草，都可以进行小龙虾养殖。

虾池经过几年养殖后，由于积存残饲，而淡水虾大多营底栖息生活，环境恶化易导致病害的发生。粪便和生物尸体与泥沙混合形成淤泥，淤泥过多、有机物耗氧过大，易造成下层水长期呈缺氧状态，致使下层氧债高。此外，由于在缺氧条件下，有机物产生大量的有机酸类等物质，使 pH 下降，引起致病微生物的大量繁殖。与此同时，小龙虾在不良的环境条件下，其抵抗疾病的能力减弱，新陈代谢下降，容易引发虾病。因此，改善池塘养殖环境，特别是防止淤泥过多，是养殖的重要措施。一般来说，在精养虾塘中，淤泥厚度保持在 15 厘米以内为妥。对于淤泥过多的老池塘可采取下列措施。

（1）**清塘**　排干池水，挖除过多淤泥，作为农作物或青饲料的肥料。池塘要求每年排水 1 次，干池后挖去过多淤泥。

（2）**晒塘**　排干池水清塘后，通过日晒和冰冻不仅杀灭病菌，而且增加淤泥的通气性，促使淤泥的中间产物分解、矿化，变成简单的无机物。

（3）**消毒**　池塘使用生石灰，除了杀灭寄生虫、病菌和害虫等外，还可以使池塘保持微碱性的环境和提高池水的硬度，增加缓冲能力，并使淤泥中被胶体所吸附的营养物质代换释放，增加水的肥度。

3. 地形与交通

小龙虾养殖场经常有饲料、物质的运输、产品上市输出等事项，小龙虾的上市季节长，要每天进行运输，因此便利的交通是小龙虾养殖场不可缺少的条件之一。地形的选择是为了节省劳力、投资及运营成本。因此，宜选择低洼平整的地方建养殖池塘，使工程量最小，投资最省，灌排方便，便于操作管理。

二、小龙虾养殖场设计

小龙虾养殖场的池塘有两种，即苗种繁育池和成虾养殖池，在建造池塘时要考虑到进、排水系统和防逃设施。

1. 苗种繁育池

池面积一般为1 334～3 335米^2，池深1.2～1.5米，池埂坡比为1∶3以上，有利于小龙虾觅食、穴居，池埂顶宽2米以上，便于种植树木；进、排水分于池塘两边，池底平整向排水口方向略有倾斜，池塘中间有一条宽60厘米、深30～50厘米的集虾沟。

2. 成虾养殖池

小龙虾成虾养殖池形状没有明确的要求，为了方便管理，养殖池面积通常为3 335～6 670米^2，或更大一些，水深1.2～1.5米。池中间设浅水区和深水区两部分，深水区面积占整个池塘面积的20%～40%，可在池塘四周和池中开挖宽3～5米、深80～100厘米的深沟，养殖池的池埂顶宽同样要求2米以上。

3. 防逃设施

小龙虾不像河蟹有季节性洄游习性，正常情况下养殖的小龙虾不会逃跑，但小龙虾有逆水习性，养殖虾塘在进水和下大雨的情况下易随水流发生逃逸。因此，在养殖的四周要设置防逃设施，防逃设施材料因地制宜，可以是石棉瓦、水泥瓦、塑料板、加塑料布的聚氯乙烯网片等，只要能达到取材方便、牢固、防逃效果好就行。

4. 进、排水系统

进、排水系统包括水泵、进水总渠、干渠和支渠、排水总渠和控制闸等。

养殖场常用水泵有离心泵、混流泵、潜水泵等，有条件的可建立固定式抽水泵房。水泵的吸水莲蓬头周围应设孔径1～2厘米的铁丝网，以过滤水草和杂物，进水泵在不影响滤水的情况下，再设40～50目的筛网过滤小杂鱼苗。

进水系统主要有管道和明沟两种结构。管道是一般采用钢筋水泥的涵管，地面较整洁，节约土地。但清淤和修理不便，为检查养护方便，可用窨井相连接，但建造费较大。明沟多数采用水泥护坡结构，断面成梯形，深 50 厘米，底宽 30～40 厘米，比降为 0.5%。进水口用节制闸控制，进水口一般为直径 15～20 厘米的 PVC 管，管口用 60 目的筛网过滤，高于池塘水面 20～30 厘米。

排水系统由排水沟和排水口组成，具有自流排水能力的池塘都应设有排水口。排水口位于池底的最低处，与排水沟相通。排水管可用管径为 20 厘米的 PVC 管，在排水沟中通过活动弯头控制排水量。排水沟通常沟宽为 1～3 米，沟底低于池底，以利于自流排干池水。不能自流排干池水时，可采用动力抽排的方法，排水沟底可以高于池底。

5. 其他建筑物

其他建筑物主要是房屋建筑。房屋建筑要便于生产及经营管理、对外联络、日常生活等活动。同时要适当留有扩建的余地。场房和生活用房尽可能安排在场部中心，便于交通和活动。渔具仓库要求通风向阳，远离饲料仓库、厨房、饲料房，以免鼠咬，造成损失。生产值班房尽量分散到适当位置，以便照看全场。

三、微孔增氧设备布置

微孔增氧在水产养殖中的应用，是近年来新发展起来的一项技术，具有防堵性强，水反渗入管器内少，气体运行阻力弱，水中噪声低，气泡小，增氧效果好，能提高氧利用率 1～3 倍，并能节能省钱等特点。尤其在虾蟹养殖池中的应用，对提高养殖产量和出塘虾蟹规格起到了十分重要的作用（彩图 9、彩图 10）。

1. 风机的选择与安装

一般选罗茨鼓风机或空压机。风机功率一般每 667 米^2 配备 0.15 千瓦，实际安装时可依水面面积来确定风机功率大小，如 1～1.3 公顷（2～3 个塘）可选 3 千瓦 1 台，2～2.7 公顷（5～6 个塘）可选 5.5 千瓦 1 台。空压机功率应大一些。风机应安装在主管道中间，为便于连接主管道、降低风机产生的热量和风压，可在风机出气口处安装一只有 2～3 个接头的降温粗管（不能漏气）。

2. 微孔管安装

风机连接主管，主管将气流传送到每个池塘；微孔增氧管要布置在深水区，离池底10～15厘米处，布设要呈水平或终端稍高于进气端，固定并连接到输气的塑料软支管上，支管再连接主管，形成风机—主管—支管（软）—微孔曝气管的三级管网，鼓风机开机后，空气便从主管、支管、微孔增氧管扩散到养殖水体中。主管内直径5～6厘米，微孔增氧管外直径14～17毫米、内直径10～12毫米，管长不超过60米。

3. 注意事项

① 微孔增氧设备的安装最好在秋冬季节，养殖池塘干塘后进行。② 所有主、支管的管壁厚度都要能打孔固定接头。③ 微孔管器不能露在水面上，不能靠近底泥；否则，应及时调整。④ 池塘使用微孔增氧管一般3个月不会堵塞，如因藻类附着过多而堵塞，捞起晒1天，轻打抖落附着物，或用20%的洗衣粉浸泡1小时后清洗干净，晾干再用。因此，微孔增氧管固定物不能太重，要便于打捞。

第二节　小龙虾苗种繁育技术

一、苗种繁育池塘的选择与准备

1. 池塘选择

苗种繁育池塘要求水源充足、水质清新，进、排水系统完备。池塘呈长方形，东西走向，面积以1 334～3 335米^{2}为宜，池深1.2～1.5米，坡比≤1∶3，池底较平坦，淤泥≤15厘米。成虾养殖单位应建立配套的繁育池，且繁育区与养成集中区相对隔离，面积约占成虾养殖池面积的1/10。所有池塘四周均使用塑料薄板或钙塑板等搭建防逃设施，进、排水口采用聚乙烯网或钢丝网围住，以防发生小龙虾逃逸。

2. 池塘准备

为了使池塘具有更好的苗种生产能力，进行苗种繁育前，繁育池塘要进行以下准备活动。

(1) 池塘整修　繁育池塘选好后，首先进行整修，抽干池水，加固池埂，清除多余的淤泥。在自然界中，小龙虾繁殖活动大多发生于洞穴中，而洞穴主要分布于池塘水位线 30 厘米以内。因此，增加池塘圩埂长度，可以提高亲虾放养数量，从而增加池塘的苗种生产能力。方法是每隔 20 米左右设置与池塘走向垂直的土埂，土埂高出水位线 30～40 厘米，土埂顶宽 2～3 米，土埂两端坡度≤1∶1.5。土埂与一侧池埂相连，与另一侧池埂间隔 3～5 米，同一池塘的土埂应间隔连接于同侧池埂，保证进、排水时水流呈 S 形流动（图 3－1、彩图 11）。

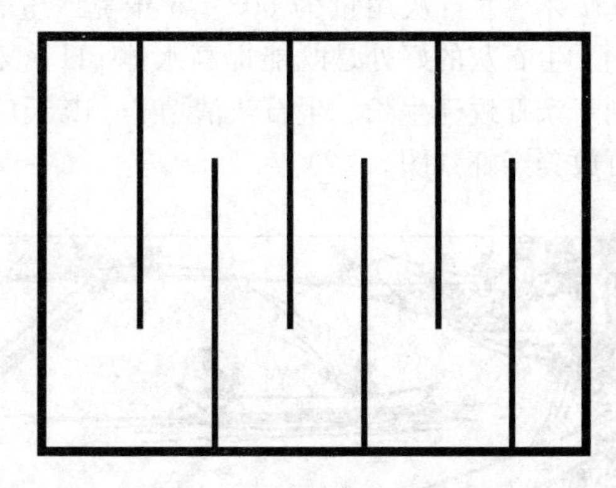

图 3－1　苗种繁育池塘平面图

（2）铺设微孔增氧设施　微孔增氧技术是近几年来推广较快、运用较好的一种增氧方式，其原理是通过铺设在池塘底部的管道或纳米曝气管上的微孔，以空气压缩机为动力，将洁净空气与养殖水体充分融合，达到对养殖水体增氧的目的。与以往水产养殖上使用的水车式、叶轮式增氧机相比，微孔增氧技术具有增氧区域广泛，溶解氧分布均匀，节能、噪声小等优势，更好地改善了繁育池塘环境尤其是底栖环境的溶解氧水平。同时，由于苗种繁育池塘塘小、水浅、草多，因此在苗种密度普遍较高的繁育池塘铺设微孔增氧设施效果更为显著。

微孔增氧系统包括动力电机（空气压缩机）、主送气管道、分送气管道和曝气微孔管等设备。管道的具体分布视池塘布局和计划繁苗密度等因素而定。繁育池塘如采取了增加土埂的改造，曝气管道宜采用长条式设置。未做改造或池塘面积较大，曝气管道可采用“非”字形设置或采用圆形纳米增氧盘以增加供氧效果。

(3) **消毒除害** 通常情况下，在亲虾放养前15天左右进行繁育池塘的消毒除害工作，其目的是彻底清除敌害生物、致病菌以及与小龙虾争夺食物的鱼类等。目前消毒除害的主要方法如下。

生石灰法：生石灰来源广泛，使用方法简单，一般水深10厘米塘口，每667米^{2}生石灰用量为50～75千克。生石灰需现配，趁热全池泼洒。生石灰的好处是既能提高水体pH，又能增加水体钙含量，有利于亲虾蜕壳生长。生石灰清塘7～10天后药效基本消失，此时即可放养亲虾（图3-2）。

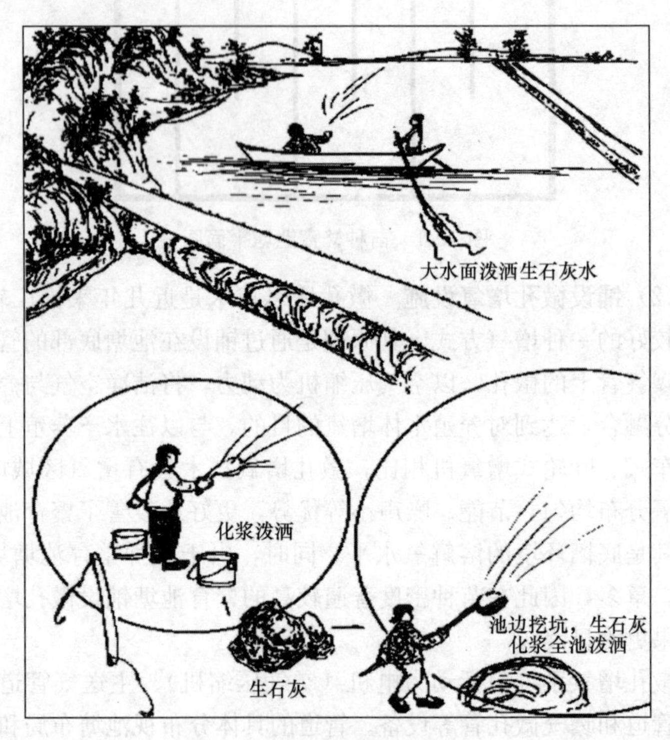

图3-2 生石灰清塘消毒方法

漂白粉、漂白精法：这两种药物遇水分解释放次氯酸、初生态氧，有强烈的杀菌和清除敌害生物的作用。一般消毒用药量为：漂白粉 20 毫克/升，漂白精 10 毫克/升，使用时用水稀释全池泼洒，施药时应从上风口向下风口泼洒，以防药物伤眼及皮肤。药效残留期 5～7 天，之后即可放养亲虾。

茶粕法：茶粕是油茶籽榨油后的饼粕，含有一种溶血性物质——皂角苷，对鱼类有杀灭作用，但对甲壳动物无害。常规用法：先将茶粕敲碎，用水浸泡，水温 25 ℃时浸泡 24 小时，加水稀释后全池泼洒，用量为每 667 米^2 每米水深施用 35～45 千克。清塘 7～10 天后即可放养亲虾。

巴豆法：巴豆是大戟科植物巴豆的果实，其可以有效杀灭池中野杂鱼。一般用量为：水深 10 厘米的塘口每 667 米^2 施用 5.0～7.5 千克。用法：先将巴豆磨碎成糊状，盛进酒坛，加入白酒 100 毫升，或食盐 0.75 千克，密封 3～4 天，加水稀释，施用时连渣带汁全池泼洒。此法对亲虾养殖很有利，但使用不便，使用时须防误入人口引起中毒。清塘后 10～15 天，池水回升到 1 米时即可放养亲虾。

除上述 4 种方法外，目前众多渔药生产厂家也推出了一系列高效消毒除害药物，但是养殖单位及个人选择施用药物须慎重，应采取安全有效的消毒除害方法。

为了保证繁育池塘原有小龙虾也被清除干净，消毒前可先将池水加至正常水位线以上 30 厘米，再用氰戊菊酯等菊酯类药物将池中和洞中原有小龙虾杀灭。需要注意的是，菊酯类药物使用后，药效持续时间较长，一般需 1 个月才能完全降解。因此，应在上述消毒前 20 天使用。

3. 栽种水草

水草既是小龙虾的主要饵料来源，也是其隐蔽、栖息的重要场所，还是保持虾池优越生态环境的重要保障。若繁育池塘单位水体的计划繁育量较大，更需要高度重视移栽水草。适宜移栽的沉水植物有伊乐藻、轮叶黑藻、苦草；漂浮植物有水花生、水葫芦等。其中，伊乐藻应用效果最好。该品种营养丰富，干物质占8.23%，粗蛋白质为2.1%，粗脂肪为0.19%，无氮浸出物为2.53%，粗灰分为1.52%，粗纤维为1.9%。其茎叶和根须中富含维生素C、维生素E和维生素B_{12}等，还含有丰富的钙、磷和多种微量元素。移栽伊乐藻的虾塘可节约精饲料30%左右。此外，伊乐藻不仅可以通过光合作用释放充足氧气，还能大量吸收水中氨态氮、二氧化碳等有害物质，对稳定水环境pH，增加水体透明度，促进蜕壳和提高饲料利用率等均有重要意义。

伊乐藻适应力极强，气温在5℃以上即可生长，在冬季也能以营养体越冬。因此，该植物最适宜繁殖池塘移栽。在池塘消毒、进水后，将截成15～30厘米长的伊乐藻营养体，以5～8株为一簇，按每平方米2～3簇的密度栽插于池塘中，横竖成行，保证水草完全长成后，池水仍有一定的流动性。池塘淤泥少或刚开挖的池塘，栽插每簇伊乐藻时，先预埋有机肥200～400克，其生长效果更好(彩图12、彩图13)。

如果没有伊乐藻，也可选用轮叶黑藻。每年12月到翌年3月是轮叶黑藻芽苞的播种期，应选择晴天播种，播种前池中加注新水10厘米，每667米^{2}用种500～1 000克。播种时应按行株距50厘米将芽苞3～5粒插入泥中，或者拌泥土撒播。当水温升至15℃时，5～10天开始发芽，出苗率达95%。

此外，水花生、水葫芦等可作为沉水植物不足时的替代水草。但它们不耐严寒，江苏、安徽以北地区的水葫芦冬季要采用塑料大棚保温才能顺利越冬。水葫芦诱捕虾苗的作用较好，应提前做好保种准备。

总之，通过移栽水草使其覆盖率达到整个水面的2/3左右，是营造苗种繁育池塘良好生态环境的关键措施，也是苗种繁育成功的重要保障。

4. 注水施肥

水草栽种结束后，即可注入新水。注水时采用60目筛绢网过滤，防止野杂鱼及其鱼卵进入池内，池水深度控制在1米左右。注水结束后，即可向繁育池塘施肥。施用的肥料主要是各种有机肥料，其中规模化畜禽养殖场的粪料最好。这类粪肥施入水体后，可以培育轮虫、桡足类和枝角类等饵料生物，为即将入池的亲虾提供充足的天然饵料。

繁育池塘施肥方法有两种，一种是将腐熟的有机肥料分散浅埋于水草根部，促进水草生长的同时培育水质（彩图14）；另一种是将肥料堆放于池塘四角，通过肥水促进水草生长。后一种施肥方法需防止水质过肥，引起水体透明度过低而影响水草的光合作用，导致水草死亡。有机肥料使用量为每667米^2 300～500千克。将陆生饲料草或水花生等打成草浆全池泼洒，既可以部分代替肥料，又可增加繁育池塘中有机碎屑的含量，有效提高苗种培育成活率。

5. 使用微生态制剂

繁育池塘常用的微生态制剂是光合细菌。使用光合细菌的适宜水温为15～40℃，最适水温为28～36℃，因而宜在水温20℃以上时使用，阴雨天光合作用弱时不宜使用。使用时应注意如下几点。

根据水质肥瘦情况使用：水肥时施用光合细菌可促进有机污染物的转化，避免有害物质积累，改善水体环境和培育天然饵料；水瘦时应先施肥满足苗种对天然饵料的需求，再使用光合细菌防止水质恶化。此外，酸性水体不利于光合细菌的生长，应先施用生石灰，调节pH后再使用光合细菌。

酌量使用：光合细菌在水温达20℃以上时使用，调节水质的效果明显。使用时，先将光合细菌按5～10克/米^{3}用量拌肥泥均匀撒于池塘，以后每隔20天使用2～10克/米^{3}光合细菌兑水全池泼洒；也可以将光合细菌按饲料投喂量的1%拌入饲料中直接投喂。疾病防治时，可连续定期使用，用水剂5～10毫升/米^3，兑水全池泼洒。

避免与消毒杀菌剂混施：光合细菌制剂是活体细菌，任何杀菌药物对它都有杀灭作用。因此，使用光合细菌的池塘不可使用任何消毒杀菌剂。必须进行水体消毒时，应在消毒剂使用1周后再使用光合细菌。

二、亲虾的选择与运输

1. 亲虾选择

(1) 选择标准 亲虾选择一般在7—9月进行，选择性腺发育丰满、成熟度好、健康活泼的成虾作为苗种繁育的亲虾（彩图15）。这种亲虾体质健壮，单位体重平均产卵量高、相对繁殖力强，亲虾选择标准如下。

规格大：雄虾体质量宜在40克以上，雌虾体质量在35克以上。

颜色深：甲壳颜色呈暗红色或黑红色，体表光滑、无附着物，色泽鲜亮。

附肢齐全：用于繁育的亲虾要求附肢完整、无损伤，活动能力强。

(2) 亲虾来源 亲虾来源以本繁育场专池培育的亲本为最佳。采购亲虾宜采取就近原则，避免长途运输。为了提高繁育苗种的种质质量，应有意识地挑选来自不同水域的雌雄亲虾，放入同一繁育池塘进行配对繁殖，雌雄亲虾配比为（2～4）：1为宜。

2. 亲虾运输

亲虾运输一般采取干法运输，即将挑选好的亲虾放入转运箱离水运输。由于亲虾运输时间通常在8—9月，此时气温、水温均较高，因此运送亲虾时应选择凉爽的清晨进行。同时，从捕捞开始至亲虾放养的整个过程中，都应轻拿轻放，尽量避免碰撞和挤压。亲虾运输工具以泡沫箱、网夹运虾箱或塑料周转箱为好，箱体底部铺放水草（彩图16）。亲虾最好单层摆放，多层放置时高度应不超过15厘米。运输途中保持车厢内空气湿润，避免阳光直射，尽量缩短运输时间，亲虾离水时间应不超过6小时。

三、亲虾放养

1. 亲虾放养方法

亲虾运输到达塘边后，先洒水，后连同包装一起浸入池中让亲虾充分吸水，排出鳃中的空气后，把亲虾放入池边水位线上。放养时要多点放养，不可集中一点放养。

2. 亲虾放养量

亲虾的放养量一般控制在每667米^2 75～100千克，雌、雄虾比例根据放养时间确定，通常7—8月放养亲虾，雌、雄虾比例为（1.2～1.5）∶1（即流货）；9月后可增加雌虾放养量，雌、雄虾比例为3∶1。

3. 亲虾强化培育

亲虾放养后，要进行强化培育，提高成活率和抱卵量。首先保持良好的水质环境，要定期加注新水，定期更换部分池水，有条件的可以采用微流水的方式，保持水质清新；其次投好饲料，亲虾由于性腺发育的营养需求，对动物性饲料的需求量较大，喂养的好坏直接影响到其怀卵量及产卵量、产苗量，在此期间除投喂优质配合饲料外，可适当投喂一些新鲜小杂鱼；日投喂2次，以傍晚1次为主，投喂量为饲料投喂后3小时基本吃完为好，早晨投喂量为傍晚投量的1/3。在亲虾培育过程中，还必须加强管理，9—10月是小龙虾生殖高峰，要每天坚持巡塘数次，检查摄食、水质、穴居、防逃设施等情况，及时捞除剩余的饵料，修补破损的防逃设施，确定加水或换水时间、数量等。并做好塘口的各项记录。

四、苗种繁育期间饲养管理

1. 亲虾饲养越冬管理

当水温降至10℃以下，亲虾基本进入洞穴越冬，活动量显著降低，此时应保持水位稳定，保证洞中有水或保持潮湿。

亲虾的洞穴有两种：一种洞口是封闭式的（俗称“封口洞”），亲虾在洞中一直到翌年春季才会出洞；另一种洞口是开放式的，亲虾会在洞口洞底间游弋，当天气晴好、气温升高时，亲虾会爬出洞穴并在洞口附近活动。越冬期间遇到天气晴好、气温回升时，要在开放式洞口附近适当投喂一定量的饵料，供出洞活动的亲虾摄食，以提高其越冬成活率。坚持每天多次巡塘，观察亲虾的活动情况，天寒时应及时破冰。同时，要做好各项记录工作，特别是死亡情况包括雌、雄虾个数，大小和重量等必须统计清楚，有利于以后喂养及苗种量的估算。

2. 苗种饲养管理

（1）**饲料选择** 小龙虾属杂食性动物，自然状态下各种鲜嫩水草、底栖动物、大型浮游动物及各种鱼虾尸体都是其喜食的饵料。在养殖过程中，要求饵料粗蛋白质含量在30%以上。由于幼虾的摄食能力和成虾尚有区别，应适当投喂小颗粒虾配合饲料。幼虾培育的前期，可投喂黄豆浆、麦麸等，使用幼虾配合饲料效果更好。

（2）**投喂方法** 幼虾培育期的饲料投喂应遵循3个原则：一是遍撒，由于幼虾在繁育池塘中分布广泛，饲料投喂必须做到全池均匀撒喂，满足每个角落幼虾的摄食需求；二是优质，优质的饲料可以促进幼虾快速生长，幼虾培育期适当搭配动物性饲料，既可以满足幼虾对优质蛋白质的需求，也可以减少幼虾的相互残杀，添加比例应不少于30%；三是足量，幼虾活动半径小，摄食量又小。因此，前期的饲料投喂量应足够大，一般每667米^{2}每天投喂2～3千克饲料。后期随着幼虾觅食能力增强，可按在塘幼虾重量的5%投喂，具体投喂量视日常观察情况及时调整。日投喂2次，分别是05:00—06:00和17:00—18:00，以下午投喂为主，投喂量占日投喂量的70%～80%。如果是10月中、下旬孵化出仔虾，越冬前不能分养，越冬期间也要适量投喂，一般是1周投喂1次。

（3）**水质调控** 繁育池塘水体要保持肥、嫩、活、爽，透明度保持在30～40厘米。10月前每7～10天换水1次，每次20～30厘米；11月后可根据繁育池水实际情况进行注换新水，使得水体溶氧量保持在3毫克/升以上，pH在7.0～8.5，必要时可泼洒适量的生石灰水，进行水质调节。当幼虾出现后，要适时增施基肥，每667米^{2}可施放腐熟的鸡粪50千克。冬季保持水位基本稳定，水深在1米以上。

（4）**病害预防** 幼虾培育期间，定期使用微生物制剂，一般疾病发生率较低，但要严防小杂鱼等敌害生物的侵害。因此，进水或换水时须用60目筛绢布过滤，严防任何吃食性鱼类进入繁育池塘。

（5）**日常管理**　坚持每天多次巡塘观察，检查稚虾的蜕壳、生长、摄食和活动情况，及时调整投饲量，清除剩余的残饵。随着气温的升高，及时向繁育池塘中补投充足的水生植物，为幼虾提供隐蔽的场所，同时植物嫩芽可供幼虾食用，提高幼虾的抵抗力。

五、幼虾捕捞与运输

1. 幼虾捕捞

在适宜的环境条件下，经过20～30天的强化培育，仔虾体长即可达到4厘米以上。此时，可以起捕分塘或集中供应市场，捕捞方法因繁育水体环境的不同可以分别采用密眼地笼、拉网和手抄网等工具。

密眼地笼是一种应用最为广泛的捕捞工具，捕捞效果受水草、池底的平整度等影响。捕捞时，先清除地笼放置位置的水草，再将地笼沿养殖池边45°角设置，地笼底部与池底不留缝隙，必要时可采用水泵刺激池水单向流动，以提高捕捞效率。

拉网、手抄网，这两种工具均是依靠人力将栖息在池底或水草上的幼虾捕出。拉网适合面积较大、池底平坦、基本无水草或提前将池中水草清除干净的繁育池塘使用，捕捞速度较快。手抄网适合虾苗密度较高、漂浮植物较多的繁育池塘使用，主要用于小批量的苗种捕捞作业。

2. 幼虾运输

幼虾对环境的适应能力较强，能脱离水体存活较长时间，因此幼虾运输通常采用干法运输。运输工具可选用网夹箱、泡沫箱或塑料周转箱等（彩图17、彩图18）。幼虾装运前，先在箱底铺放适量的水草（以伊乐藻为宜），然后在水草上均匀铺放一层幼虾。因幼虾壳体较薄，所以堆装不可过厚，通常一个箱体可运输幼虾5～10千克。在运输过程中注意保持虾体潮湿，避免阳光直接照射，运输时间不宜过长，否则会影响成活率。

六、野生苗种的捕捞与收集

野生苗种的捕捞与收集主要针对湖泊、河流、湿地和水库等大水面中的优质野生小龙虾资源。具体捕捞方法主要有如下几种。

1. 虾笼或地笼诱捕

利用小龙虾贪食的习性，捕捞时在虾笼或地笼中适量放入腥味重的鱼、鸡肠等诱饵，引诱小龙虾进入笼内。

2. 手抄网

小龙虾喜欢栖息于水生植物中，通过手抄网抄捕。此法适用于水生漂浮植物较多且苗种密度较大的水域。

第三节　小龙虾成虾养殖技术

一、池塘养殖

1. 养殖场地的选择

养殖场地的选择首先要求“三通”，即通水、通电、通路。其次要求水源充足、水质清新、土质坚实，土质沙化或松软的地区不适宜建造小龙虾养殖场。由于小龙虾具掘穴和穴居习性，在土质沙化或松软的条件下洞穴极易坍塌，因此小龙虾会及时进行修补，反复坍塌反复修补，导致其能量消耗极大，进而影响其存活、生长与繁殖。

通常情况下，养殖池塘的面积、形状要求相对不太严格，因地制宜。池塘保水性能要好，池埂宽度在1.5米以上，进、排水系统完备。池塘的内部结构要求相对较为严格，必须根据小龙虾的生物学特性，科学合理的布局，以期达到最佳的养殖效果（彩图19、彩图20）。池塘建设过程中应注意以下几点：①池埂应具有一定的坡度，坡比相对大些为宜。②池中需设深水区与浅水区。深水区的水位可达1.5米以上，浅水区应占到池塘总面积的2/3左右。小龙虾喜打洞掘穴，可在池中堆置一定数量的圩埂以增加池塘底面积，为小龙虾提供尽可能多的栖息空间，也可开挖沟渠或搭建小龙虾栖息平台。③为了保证小龙虾的品质，提高其商品价值，池塘底泥应控制在15厘米以内，多余的淤泥必须清除。

2. 养殖池塘的准备

1）池塘的清塘与消毒

养殖池塘是小龙虾生活栖息的场所，池塘环境的好坏直接影响到其生长和健康。在养殖过程中，各种病原体通过不同途径进入池中，塘底淤泥也伴随着养殖周期不断沉积并为病原体繁衍提供条件。因此，为预防病害必须坚持每年清塘消毒。目前，清塘消毒的方法主要有以下两种。

（1）**物理方法**　利用冬歇期将池塘排干，去除过多的淤泥，经充分曝晒使池底土壤表层疏松，改善通气条件，加速土壤中有机物质转化为营养盐类，同时还可达到消灭病虫害的目的（彩图21）。

（2）**化学方法**　在苗种放养前15天左右使用清塘药物对池塘进行消毒灭害，常用的药物有生石灰、漂白粉和茶粕等（彩图22）。

2）池塘底质改良

清池1周后，排干池水，池底进行曝晒至池底龟裂（彩图23），用犁翻耕池底，再曝晒至表层泛白，使塘底土壤充分氧化；根据池底肥力施肥（有条件最好能测定），通常每667米^{2}施放经发酵的有机肥150～200千克（以鸡粪为宜）（彩图24），如池底较肥，应减少肥料的使用量；新塘口应增加施肥量，然后用旋耕机进行旋耕，使肥料与底泥混合，同时平整塘底，有利于水草的扎根、生长及底栖生物的繁殖（彩图25）。

3）防逃设施的修建

小龙虾具有较强的逆水性和攀爬能力，养殖池塘进水或遇到暴雨天气时，极易发生小龙虾逃逸的现象。因此，养殖池塘必须具备完善的防逃设施（彩图26）。现在市售可供修建防逃设施的材料主要有石棉瓦、水泥瓦、塑料板以及加装塑料布的聚乙烯网片等，养殖单位应结合当地实际情况进行选择，确保取材方便、材质牢固、防逃效果优良即可。同时，池塘进、排水口需用60目聚乙烯筛网过滤，既可严防野杂鱼及其鱼卵进入池塘，也可防止小龙虾逆水逃逸。

4）水生植物种植与移植

（1）养虾种草的必要性　小龙虾属甲壳动物，生长是通过多次蜕壳来完成的。刚蜕壳的小龙虾十分脆弱，极易受到攻击，一旦受到攻击就会引起死亡，因此小龙虾在蜕壳时必先选定一个安全的隐蔽场所。为了给小龙虾提供更多隐蔽、栖息的理想场所，在养殖塘口中种植一定比例的水草对小龙虾养殖具有十分重要的意义。通过种植水生植物来控制和改善养殖水体的生态环境，同时也为其提供更多的饲料源，促进小龙虾的生长。因此，渔民有“要想养好虾，先要种好草”的谚语。所以养虾种草是非常必要的。养虾塘种草，一来可以改善养殖环境，有效防止病害发生；二来可以极大地提高养殖小龙虾的品质。虾塘种植和移植水生植物的主要作用如下。

①重要的营养来源：从蛋白质、脂肪含量看，水草很难构成小龙虾食物中蛋白质、脂肪的主要来源，因而必须依靠动物性饵料。但是，水草茎叶富含维生素 C、维生素 E 和维生素 B_{12} 等，可补充动物性饵料中缺乏的维生素。此外，水草中含有丰富的钙、磷和多种微量元素，加之水草中通常含有 1%左右的粗纤维，这更有助于小龙虾对各种食物的消化和吸收。

②不可缺少的栖息场所和隐蔽物：小龙虾在水中只能做短暂的游泳，常趴伏在各种浮叶植物休息和嬉戏。因此，水草是它们适宜的栖息场所。更为重要的是，小龙虾的周期性蜕壳常依附于水草的茎叶上，而蜕壳之后的软壳虾又常常要经过几小时静伏不动的恢复期。在此期间，如果没有水草做掩护，很容易遭到硬壳虾和某些鱼类的攻击。

③净化和稳定水质：小龙虾对水质的要求较高。池塘中培植水草，不仅可在光合作用的过程中释放大量氧气，同时还可吸收塘中不断产生的氨氮、二氧化碳和各种有机分解物，这种作用对于调节水体的 pH、溶解氧以及稳定水质都有重要意义。

④不可忽视的药理作用：多种水草具有药用价值，小龙虾得病后可自行觅食，消除疾病，既省时省力，又能节约开支。

⑤重要的环境因子：水草的存在利于水生动物的生长，其中许

多幼小水生动物又可成为小龙虾的动物性活饵料。这就表明，水草是养殖池中重要的环境因子，无论对小龙虾的生长还是对其疾病防治均具有直接或间接的意义。

⑥提高品质：池塘通过移栽水草，一方面能够使小龙虾经常在水草上活动，避免在底泥或洞中穴居，造成小龙虾体色灰暗。另一方面有助于水质净化，降低水中污染物含量，使养成的小龙虾体色光亮，有利于提高品质，提高养殖效益。

（2）适宜养殖小龙虾的水草 小龙虾养殖生产中常用的小草主要有以下7种。

①水花生又名空心莲子草，学名为 *Alternanthera philoxeroides*（Mart.）Griseb.，为苋科、莲子草属，原产于巴西，是一种多年生宿根性杂草，生命力强，适应性广，生长繁殖迅速，水陆均可生长，主要在农田（包括水田和旱田）、空地、鱼塘、沟渠、河道等环境中生长（彩图27）。该草已成为恶性杂草，在我国23个省份都有分布。水花生抗逆性强，靠地下（水下）根茎越冬，利用营养体（根、茎）进行无性繁殖。冬季温度降至0℃时，其水面或地上部分已冻死，春季温度回升至10℃时，越冬的水下或地下根茎即可萌发生长。水花生茎段曝晒1～2天仍能存活，在池塘等水生环境中生长繁殖迅速，但腐败后又污染水质。

小龙虾喜欢吃食水花生的嫩芽，在饲料不足的情况下，早春虾塘中的水花生很难成活。水花生对小龙虾还有栖息、避暑和躲避敌害的作用，水花生生长好的养虾塘在夏季高温期也容易开展捕捞。

②水葫芦又名凤眼莲，学名为 *Eichhornia crassipes*，多年生水草，原产于南美洲亚马孙河流域。1884年，它作为观赏植物被带到美国的一个园艺博览会上，当时被预言为“美化世界的淡紫色花冠”，并从此迅速开始了它的走向世界之旅，1901年引入我国（彩图28）。它美丽却绝不娇贵，不但在盆栽的花钵里，在遗弃或扩散到野外时也同样长势旺盛。水葫芦叶单生，叶片基本为荷叶状，叶顶端微凹，圆形略扁，每叶有泡囊承担叶花的重量悬浮于水面生长，其须根发达，靠根毛吸收养分，主根（肉根）分蘖下一

代。水葫芦的吸污能力在所有的水草中，被认为是最强的，几乎在任何污水中都生长良好、繁殖旺盛。

水葫芦是一种可供食用的植物，味道像小白菜，是一味正宗的“绿色蔬菜”，含有丰富的氨基酸，包括人类生存所需又不能自身制造的8种氨基酸。小龙虾吃食水葫芦嫩芽和嫩根，养虾塘中的水葫芦根须较短，是由小龙虾吃食造成的。水葫芦也是小龙虾栖息、避暑和躲避敌害的场所。

③菹草又名丝草、榨草、鹅草，学名为 *Potamogeton crispus* L.。菹草为多年生沉水草本植物，生于池塘、湖泊、溪流中，静水池塘或沟渠较多，水体多呈微酸至中性（彩图29）。菹草根状茎细长，茎多分枝、略扁平，分枝顶端常结芽苞，脱落后长成新植株。该草分布于我国南北各省，为世界广布种，可作为鱼的饲料或绿肥。菹草生命周期与多数水生植物不同，它在秋季发芽，冬春生长，4—5月开花结果，夏季6月后逐渐衰退腐烂，同时形成鳞枝（冬芽）以度过不适环境。冬芽坚硬，边缘具有齿，形如松果，在水温适宜时在开始萌发生长。

菹草全草可作为饲料，在春秋季节可直接为小龙虾提供大量天然优质青绿饲料。小龙虾养殖池中种植菹草，可防止相互残杀，充分利用池塘中央水体。在高温季节菹草生长较慢，老化的菹草在水面常伴有青泥苔寄生，应在高温季节来临之前疏理掉一部分。通常菹草以营养体移栽繁殖。

④轮叶黑藻俗称蜈蚣草、黑藻、轮叶水草、车轴草，学名为 *Hydrilia verticillata*（L. f.）。轮叶黑藻为雌雄异体，花白色，较小，果实呈三角棒形（彩图30）。秋末开始无性生殖，在枝尖形成特化的营养繁殖器官鳞状芽苞，俗称“天果”，根部形成白色的“地果”。冬季天果沉入水底，被泥土污物覆盖，地果入底泥3～5厘米，地果较少见。冬季为休眠期，水温10℃以上时，芽苞开始萌发生长，前端生长点顶出其上的沉积物，茎叶见光呈绿色，同时随着芽苞的伸长在基部叶腋处萌生出不定根，形成新的植株。轮叶黑藻属于“假根尖”植物，只有须状不定根，枝尖插植3天后就能

生根，形成新的植株。

轮叶黑藻是小龙虾的优质饲料。营养体移栽繁殖一般在谷雨前后进行，把池塘水排干，留底泥10～15厘米，将长至15厘米的轮叶黑藻切成长8厘米左右的段节，每667米^{2}按30～50千克均匀泼洒，让茎节部分浸入泥中，再把池塘水加至15厘米深。约20天后全池都覆盖着新生的轮叶黑藻，可将水加至30厘米，以后逐步加深池水，不使水草露出水面。移植初期应保持水质清新，不能干水，不宜使用化肥，白天水深，晚间水浅，减少小龙虾食草量，促进须根生成。

⑤竹叶眼子菜又名马来眼子菜，学名为*Potamogeton malaianus* Miq.，是眼子菜科（Potamogetonaceae）、眼子菜属（*Potamogeton*）植物（彩图31）。多年生沉水草本，具根状茎。茎细长，不分枝或少分枝，长可达1米。叶具柄；叶片条状笔圆形或条状披针形，中脉粗壮，横脉明显，边缘波状，有不明显的细锯齿。本科植物起源久远，化石最早见于第三纪始新世，是热带至温带分布种。生于湖泊、池塘、灌渠和河流等静水水体和缓慢的流水水体中，在我国是水生植物的优势种类之一。竹叶眼子菜营养价值较高，按鲜重计，含粗蛋白质13.6%、粗脂肪1.6%、粗纤维16.0%、无氮浸出物43.4%、粗灰分11.0%，是鱼、虾、蟹的优良天然饵料。也是污染敏感植物，对各种污水有较高的净化能力。马来眼子菜在6月以后就会老化而萎缩。因此，在养殖池一般和别的水草一起种植，不能以主草种植。

⑥伊乐藻学名为*Elodea nuttallii*，水鳖科、伊乐藻属，一年生沉水草本，为雌雄异株植物（彩图32）。原产于美洲，后移植到欧洲、日本等地，我国20世纪80年代初由中国科学院南京地理与湖泊研究所从日本引进。伊乐藻具有鲜、嫩、脆的特点，是虾、蟹优良的天然饵料。用伊乐藻饲喂虾、蟹，适口性较好，生长快，成本低，可节约精饲料30%左右。

虾、蟹养殖池种植伊乐藻，可以净化水质，防止水体富营养化。伊乐藻不仅可以在光合作用的过程中放出大量的氧，还可以吸收利用水中不断产生的大量有害氨态氮、二氧化碳和剩余的饵料溶失物及某些有机分解物，这些作用对稳定pH，使水质保持中性偏碱，增加水体的透明度，促进虾、蟹蜕壳，提高饲料利用率，改善品质等都有重要意义。同时，还可以营造良好的生态环境，供虾、蟹活动、隐藏、蜕壳，使其较快地生长，降低发病率，提高成活率。伊乐藻适应力极强，只要水上无冰即可栽培，气温在4℃以上即可生长，在寒冷的冬季能以营养体越冬，当苦草、轮叶黑藻尚未发芽时，该草已大量生长。

⑦蕹菜又名空心菜、蕻菜，学名为*Ipomoea aquatica*，为一年生蔓状浮水草本植物（彩图33）。全株光滑无毛，匍匐于污泥或浮于水上。茎绿或紫红色，中空，柔软，节上生有不定根。叶互生，长圆状卵形或长三角形，先端短尖或钝，基部截形，长6～15厘米，全缘或波状，具长柄。8月下旬开花，花白色或淡紫色，状如牵牛花。蒴果球形，长约1厘米。种子2～4粒，卵圆形。

蕹菜喜高温潮湿气候，生长适宜温度为25～30℃，能耐35～40℃的高温，10℃以下生长停滞，霜冻后植株枯死。喜光和长日照。对土壤要求不高。分枝能力强。原产于我国。

蕹菜不仅是良好的蔬菜种类，也可做浅水处绿化布置，与周围环境相映，别有一番风趣。

（3）水草栽培方法 水草的栽培方法有多种，应根据不同的水草采取不同的栽培方法。下面就有关栽培水草方法一一介绍。

①栽插法：这种方法一般在虾种放养之前使用，首先浅灌池水，将轮叶黑藻、伊乐藻等带茎水草切成小段（伊乐藻长度15～20厘米），然后像插秧一样，均匀地插入池底。池底淤泥较多时可直接栽插。若池底坚硬，可事先疏松底泥后再栽插。

②抛入法：菱、睡莲等浮叶植物，可用软泥包紧后直接抛入池中，使其根茎能生长在底泥中，叶能漂浮水面。每年的3月前后，可在渠底或水沟中，挖取苦草的球茎，带泥抛入水沟中，让其生长，供小龙虾取食。

③移栽法：茭白、慈姑等挺水植物应连根移栽。移栽时，应去

掉伤叶及纤细劣质的秧苗，移栽位置可在池边的浅滩处，要求秧苗根部入水 10～20 厘米。整个株数不能过多，每 667 米^2 保持 30～50 棵即可，过多反而会占用大量水体，造成不良影响。

④培育法：对于浮萍等浮叶植物，可根据需要随时捞取，也可在池中用竹竿、草绳等隔一角落进行培育。只要水中保持一定的肥度，它们都可良好生长。若水中肥度不大，可施少量化肥，化水泼洒，促进水草生长发育。水花生因生命力较强，应少量移栽，以补充其他水草的不足。

⑤播种法：近年来最为常用的水草是苦草。苦草的种植采用播种法，对于有少量淤泥的池塘最为适合。播种时水位控制在 15 厘米，先将苦草籽用水浸泡 1 天，将泡软的果实揉碎，把果实里细小的种子搓出来，然后加入约 10 倍于种子量的细沙壤土，与种子拌匀后播种。播种时要将种子均匀撒开。播种量为每公顷水面 1 千克（干重）。种子播种后要加强管理，提高苦草的成活率，使之尽快形成优势种群。

（4）水草移栽布局 水草品种应多样，至少 2 个品种；水草移栽可根据池塘形状进行布局，一般为棋盘状和条块状，全池水草覆盖率控制在 50%～60%。移栽水花生的池塘（图 3-3），首先在池中适当加水，以池底潮湿为好（便于操作），然后每相隔 3 米栽种一条 30 厘米宽的水花生条，水花生用土压住就行。待水花生返青出芽后，逐步加水至 20 厘米，再移栽伊乐藻、轮叶黑藻、马来眼子菜等沉水植物。条块形布局种草一般每相隔 3～5 米种植一条4～5 米宽的水草（彩图 34）。

5）注水施基肥

养殖用的水源要求水质清新，溶氧量在 5 毫克/升以上，pH 在 7～8，无污染，尤其不能含有溴氰菊酯类物质（如“敌杀死”等）。小龙虾对溴氰菊酯类物质特别敏感，极低的浓度就会造成小龙虾死亡。进水前要认真仔细检查过滤设施是否牢固、破损。注水时需用 80 目筛绢网布做成的网袋进行过滤，防止敌害生物、鱼类及其卵进入。初次进水深度不宜过大，一般控制在 30 厘米左右；

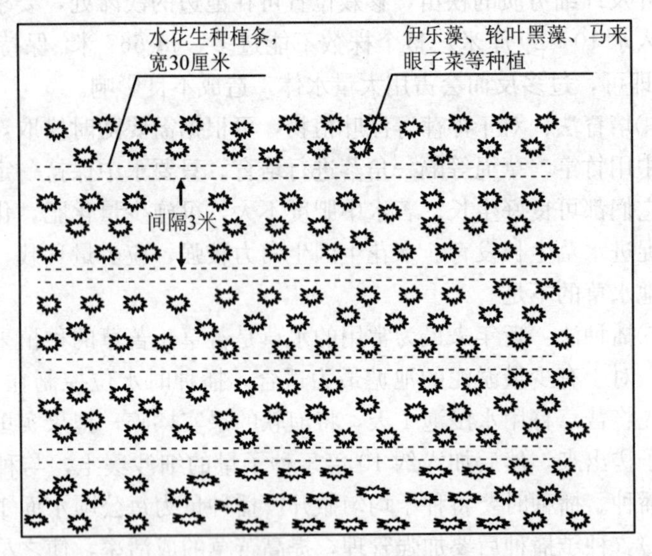

图 3-3 移栽水花生和其他水草的布局

以后根据种植水草要求进水，水草移栽好后逐步加水。每次加水量以超过水草 20 厘米左右高度为佳，这样有利于提高水温，促进水草生长。池塘注水位可根据气温调节，通常 3 月的浅水层水位控制在 30 厘米，4 月控制在 40 厘米，5 月控制在 50 厘米，6 月达到满塘水位，即最高水位。

为了使虾苗一入池便可摄食到适口的优质天然饵料，提高虾苗的成活率，池中有必要施放一定量的有机肥或生物肥料，以便培养水质及天然生物饵料，如轮虫、枝角类、桡足类等浮游动物（彩图 35）。有机肥施放前要发酵，方法为：有机肥中加 10%生石灰、5%磷肥，充分搅拌后堆集，用土或塑料薄膜覆盖，经 1 周左右即可施用。

3. 苗种放养技术

小龙虾春、秋季都有明显的产卵现象，不同时期繁育出来的虾苗，在与之配套的成虾养殖中饲养管理、饲养时间的长短、出售上市的时间、商品虾的个体规格和单位面积产量等方面也各不相同。因此，投放虾苗的数量，也应根据不同的养殖方式来灵活决定。

（1）**苗种质量要求**　小龙虾苗种以专池繁育的苗种为佳，放养规格以150～300尾/千克为宜，尽量一次放足。要求规格整齐、体质健壮、附肢齐全、无病无伤、生命力强、活力好。

（2）**苗种运输**　根据运输季节、天气和距离来选择运输工具、确定运输时间。短途运输可采用虾苗箱或食品运输箱进行干法运输，即在虾苗箱或食品运输箱中放置水草以保持湿度。虾苗箱一般每箱可装苗种2.5～5.0千克，食品运输箱每箱相对运输的数量要多，通常可在同一箱中放上2～3层，每箱能装运10～15千克。

（3）**放养方法**　放养时间选择晴天早晨或傍晚进行，放苗时要避免水温相差过大（不要超过3℃）。经过长途运输的苗种运至池边后要让其充分吸水，排出头胸甲两侧内的空气，然后多点散开放养下池（图3-4、彩图36）。

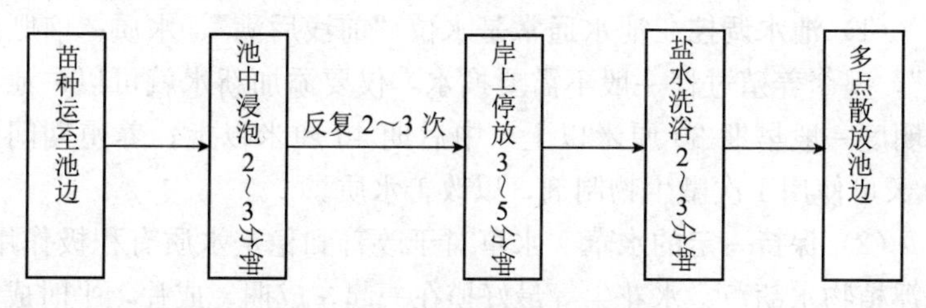

图3-4　小龙虾苗种放养流程

（4）**放养密度**　虾苗放养密度主要取决于池塘条件、饵料供应、管理水平和产量指标4个方面。放养量要根据计划产量、成活率、估计成虾个体大小、平均重量来决定。

一般放养量可采用下面公式来推算：

放养量（尾）＝养殖面积（667米^2）×计划每667米^{2}产量（千克）×预计养成虾单位重量尾数（尾/千克）÷预计成活率

根据我们的经验，小龙虾主养池塘一般放养量为每667米^2

0.5万～0.8万尾。混养池塘放养量为每667米^2 0.2万～0.3万尾。放养时间4—6月。

混合放养时，主养小龙虾的塘口可以混养少量河蟹，一般每667米^{2}放养1龄蟹种50～150只；也可以放养适量的鲢、鳙来调节水质。混养品种放养时间为2—4月。

4. 养殖管理

1）饲料投喂

饲料品种以配合饲料为主，要求粗蛋白质含量在35%以上。有条件的可在前期适当投喂冰鲜小杂鱼，以提高养殖成活率，促进幼虾生长。投喂方法：日投喂2次，04:00—05:00投喂日投量的30%，17:00—18:00投喂日投量的70%，采取沿池埂边和浅水田边多点散投，有条件的用船载投饲机投喂（彩图37）。日投喂量：一般按存塘虾体重的3%～5%估算，具体饲料投喂要根据水温、天气、水质、摄食情况和水草生长情况做调整，饲料投喂后要检查，实际日投饲量以饲料投喂后3小时内基本吃完为准。

2）日常管理

（1）池水调控 池水通常是水位“前浅后满”、水质“前肥后瘦”，整个养殖过程一般不需要换水，仅要添加新水就可以；池水透明度一般早期30厘米以上，中后期40厘米以上；养殖期间每20天可使用1次微生物制剂，以改善水质。

（2）保持一定的水草 水草对于改善和稳定水质有积极作用。飘浮植物水葫芦、水花生等最好拦在一起，成捆、成片，平时成为小龙虾的栖息场所，软壳虾躲在草丛中可免遭伤害，在夏季时起到遮阳降温作用。

（3）微孔增氧设备的使用 虾苗放养后可根据天气情况使用微孔增氧设备。进入6月以后，天气逐步炎热，每天都应使用微孔增氧设备。开启时间：每天23:00—24:00到第二天太阳出来（05:00—06:00）和晴好天气13:00—14:00。同时也要根据具体的天气情况调整开机时间。总的原则是不能让小龙虾出现缺氧“浮头”的现象。

（4）**严防敌害生物危害**　有的养虾池鼠害严重，一只老鼠一夜可吃掉上百只小龙虾。鱼鸟和水蛇对小龙虾也有威胁。要采取人力驱赶、工具捕捉、药物毒杀等方法彻底消灭老鼠，消除鱼鸟和水蛇。

（5）**病害预防**　养殖期间一般不会发生病害，所以养殖期间尽量不用抗菌药和消毒剂等药物。但要注意水草的变化，保持饲料的质量和新鲜度。要注意观察小龙虾活动情况，发现异常，如不摄食、不活动、附肢腐烂、体表有污物等，可能是患了某种疾病，要抓紧做出诊断，迅速施药治疗，减少小龙虾死亡。

（6）**早晚坚持巡塘**　要观察小龙虾摄食情况，及时调整投饲量，并注意及时清除残饵，对食台定期进行消毒，以免引起小龙虾生病。为了能及时发现问题和总结经验，工作人员应早晚巡塘，注意水质变化和测定，并做好详细的记录；发现问题要及时采取措施。

①水温：每天04:00—05:00、14:00—15:00各测气温、水温1次。测水温应使用表面水温表，要定点、定深度，一般是测定虾池平均水深30厘米的水温。在池中还要设置最高、最低温度计，可以记录某一段时间内池中的最高和最低温度。

②透明度：池水的透明度可反映水中悬浮物的多少，包括浮游生物、有机碎屑、淤泥和其他物质，它与小龙虾的生长、成活率、饵料生物的繁殖及高等水生植物的生长有直接的关系，是虾类养殖期间重点控制的因素之一。测量透明度简单的方法是使用沙氏盘（透明度板）。透明度每天下午测定1次。一般养虾塘的透明度保持在30～40厘米为宜，透明度过小，表明池水混浊度较高，水太肥，需要注换新水；透明度过大，表明水太瘦，需要追施肥料。

③溶解氧：每天黎明前和14:00—15:00，各测1次溶氧量，以掌握虾池中溶氧量变化的动态状况。溶氧量测定可用比色法或测溶氧仪测定。池中水的溶氧量应保持在3.5毫克/升以上，最好5毫克/升以上。

④不定期测定pH、氨氮、亚硝酸盐、硫化氢等：养虾池塘要求pH7.0～8.5，氨氮控制在0.6毫克/升以下，亚硝酸盐在

0.01毫克/升以下。

⑤生长情况的测定：每周或10天测量虾体长1次，每次测量不少于30尾，在池中分多处采样。测量工作要避开中午的高温期，以早晨或傍晚最好，同时观察虾胃的饱满度，调节饲料的投喂量。

⑥定期检查、维修防逃设施：遇到大风、暴雨天气更要注意，以防损坏防逃设施而逃虾。

⑦塘口记录：每个养殖塘口必须建立塘口记录档案，记录要详细，由专人负责，以便经验的总结。

3）捕捞

经过60～70天的精心养殖，小龙虾规格大部分在40克/尾以上时，就应及时捕捞。捕捞方法一般用地笼网诱捕（彩图38）。由于池塘中的虾基本上都是商品规格虾，地笼网捕出来的虾不要在养殖池边分拣，可集中一起后再分拣不同规格的虾，降低劳动强度。起捕后的虾不要再回到养殖池塘中。

二、稻田养殖技术

稻田养殖小龙虾是利用稻田的浅水环境，辅以人为措施，既种稻又养虾，以提高稻田单位面积效益的一种生产模式。由于小龙虾对水质和饲养场地的条件要求不高，加之我国许多地区都有稻田养鱼的传统，在养鱼效益下降的情况下，推广稻田养殖小龙虾，可有效提高稻田单位面积的经济效益。稻田饲养小龙虾可为稻田除草、除害虫、少施化肥、少喷农药，并且养虾稻田一般可增加水稻产量5%～10%，同时每667米^{2}能增产小龙虾80千克左右。有些地区还采取稻虾轮作的模式，特别是那些只能种植一季稻的低湖田、冬泡田、冷浸田，采取中稻和小龙虾轮作的模式，经济效益很可观。在不影响中稻产量的情况下，每667米^{2}可生产小龙虾150～200千克。要注意的是稻田饲养小龙虾，对稻田的施肥及用药有一定的要求。施肥应施有机农家肥，而不要使用化肥特别是不能使用氨水及碳酸氢铵。用药要讲究方法，应施用生物制剂，特别是要禁用菊酯类杀虫剂，同时加强稻田的水质管理。稻田养殖小龙虾技术介绍如下。

1. 养殖稻田的选择与工程建设

（1）养虾稻田的选择　选择水质良好（符合国家养殖用水相关标准）、水量充足、周围没有污染源、保水能力较强、排灌方便、不受洪水淹没的田块进行稻田养虾，面积少则1公顷左右，多则数公顷，面积大比面积小要好（彩图39）。

（2）田间工程建设　养虾稻田田间工程建设包括田埂加宽、加高、加固，进、排水口设置过滤、防逃设施，环形沟、田间沟的开挖，安置遮阳棚等工程（彩图40）。沿稻田田埂内侧四周开挖环形养虾沟，沟宽4～5米，深0.8～1.0米。田块面积较大的，还要在田中间开挖“十”字形、“井”字形或“日”字形田间沟，田间沟宽2～3米，深0.6～0.8米。环形虾沟和田间沟面积约占稻田面积20%。利用开挖环形虾沟和田间沟挖出的泥土加固、加高、加宽田埂，平整田面，田埂加固时每加一层泥土都要进行夯实，以防以后雷阵雨、暴风雨时田埂坍塌。田埂顶部应宽3米以上，并加高0.5～1.0米。排水口要用铁丝网或栅栏围住，防止小龙虾随水流外逃或敌害生物进入。进水口用80目的网片过滤进水，以防敌害生物随水流进入。进水渠道建在田埂上，排水口建在虾沟的最低处，按照高灌低排格局，保证灌得进、排得出。还可在离田埂1米处，每隔3米打一处1.5米高的桩，用毛竹架设，在田埂边种瓜、豆、葫芦等，待藤蔓上架后，在炎夏起到遮阳避暑的作用。田四周用塑料薄膜、水泥板、石棉瓦或钙塑板建防逃墙，以防小龙虾逃逸。

2. 虾苗放养前准备

（1）清沟消毒　放虾前10～15天，清理环形虾沟和田间沟，除去浮土，修正垮塌的沟壁。每667米^{2}稻田用生石灰20～50千克，或选用其他药物，对环形虾沟和田间沟进行彻底清沟消毒，杀灭野杂鱼类、敌害生物和致病菌。

（2）施足基肥　放虾前7～10天，在稻田环形沟中注水20～40厘米，然后施肥培养饵料生物。一般结合整田，每667米^{2}施有机农家肥 100～500 千克，均匀施入稻田中。农家肥肥效慢，肥效长，施用后对小龙虾的生长无影响，还可以减少日后施用追肥的次数和数量，因此，稻田养殖小龙虾最好施有机农家肥，一次施足。

（3）**移栽水生植物** 环形虾沟内栽植轮叶黑藻、金鱼藻、竹叶眼子菜等沉水性水生植物，在沟边种植蕹菜，在水面上种植水葫芦等。但要控制水草的面积，一般水草占环形虾沟面积的 40%～50%，以零星分布为好，不要聚集在一起，这样有利于虾沟内水流畅通无阻塞。

（4）**过滤及防逃** 进、排水口要安装竹箔、铁丝网及网片等防逃、过滤设施，严防敌害生物进入和小龙虾随水流逃逸。

3. 虾苗放养

小龙虾放养方法有两种，一是在稻谷收割后的 9 月上旬将种虾直接投放在稻田内，让其自行繁殖，根据稻田养殖的实际情况，一般每 667 $米^2$ 放养个体在 40 克/只以上的小龙虾 5～7.5 千克，雌、雄性比 1.2～1.5∶1，二是在 3—5 月，每 667 $米^2$ 投放规格为 2～4 厘米的幼虾 3 000～5 000 尾或 30 千克。小龙虾在放养时，要注意幼虾的质量，同一田块放养规格要尽可能整齐，放养时一次放足。在晴天早晨或阴雨天放养，放养虾种时用 3%～4%的食盐水浸洗 10 分钟消毒，高温天气进种苗消毒要谨慎，最好是进种苗当时不用食盐水浸洗，进完种苗后可用生石灰按每 667 $米^2$ 10 千克的量对水体消毒。

4. 饲养管理

稻田养殖小龙虾基肥要足，应以施腐熟的有机肥为主，在插秧前一次施入耕作层内，达到肥力持久长效的目的。追肥一般每个月 1 次，每 667 $米^2$ 施尿素 5 千克，复合肥 10 千克，或施有机肥。禁用对小龙虾有害的化肥，如氨水和碳酸氢铵。施追肥时最好先排浅田水，让虾集中到环形沟、田间沟之中，然后施肥，使化肥迅速沉积于底层田泥中，并为田泥和水稻吸收，随即加深田水至正常深度。

稻田养虾一般不投饲料，但在小龙虾的生长旺季可适当投喂一些饲料。饲料以人工配合饲料为主，也可投喂小杂鱼块、锤碎的螺、蚌等，投喂量根据吃食情况而定，通常以饲料投喂后3小时基本吃完为宜。水质管理要求在4—6月每15～20天泼洒一次底质改良剂。日常管理要求每天巡田检查1次。做好防汛防逃工作。维持虾沟内有较多的水生植物，数量不足要及时补放。大批虾蜕壳时不要冲水，不要干扰，蜕壳后增喂优质动物性饲料。

5. 水稻的栽插与管理

稻田养殖小龙虾为虾稻共生，形成一个新的复合生态系统，最终目的是要在有限的稻田内获得稻虾双高产，达到增收的目的。因而搞好水稻的栽插与管理也是一个极其重要的方面。

1）水稻秧苗的栽插

养殖小龙虾的稻田，由于土壤肥力较好，宜选用耐肥力强、茎秆坚硬、不易倒伏、抗病害和产量高的水稻品种，特别是病虫害少的水稻品种，尽量减少水稻在生长期间的施肥和喷施农药的次数。水稻田通常要求在5月底翻耕，6月10日前后开始栽插。移栽前的2～3天，要对秧苗普施1次高效农药。通常采用浅水移栽，宽、密行结合的栽插方法，即宽行30～40厘米，密行20厘米左右，发挥宽行的边际优势。插秧的方向最好是南北向，以利稻田通风透光。

2）水稻的生长管理

（1）施肥　稻田施肥，应选择晴朗天气，水稻栽插前要施足基肥，基肥以长效有机肥为主，每667米^{2}可施有机肥200～300千克，也可在栽插前结合整地一次性深施碳酸氢铵40～50千克。追肥应以尿素为主，全年施2～3次，每次每667米^{2}施4～6千克，视水稻生长情况而定。

（2）除草治虫　养虾的稻田，一些嫩草被小龙虾吃掉，但稗草等杂草则要用人工拔除。水稻生长后期主要是三代三化螟的危害，除在栽插前用药普治1次外，对三代三化螟可选用低毒高效农药，采取喷雾的办法进行防治。注意用药浓度，用药后要及时换1次新鲜水。这样做既能起到治虫效果，又不致伤害小龙虾。

（3）**晒田** 为保证小龙虾的生长觅食，要妥善处理虾、稻生长与水的关系。平时保持稻田面有5～10厘米的水深。晒田时，不完全脱水，水位降至田面将露出水面即可，且时间较短，一旦发现小龙虾有异常反应，应立即灌水。养殖过程中，只需晒田1次。

6. 小龙虾与中稻的轮作养殖

小龙虾与中稻轮作，就是种一季水稻，接着养殖一季小龙虾。小龙虾和中稻以轮作模式进行养殖、种植，资源能得到充分利用，并且投入少、效益好。下文主要就小龙虾和中稻轮作技术做详细地介绍。

在有些地区，特别是湖区的低湖田、冬泡田或冷浸田一年只种植一季中稻。11月收割后，稻田空闲到翌年的6月再种中稻。这些田采取小龙虾和中稻轮作，不影响中稻田的耕作，也不影响中稻的产量，每年每667米^{2}可收获小龙虾150～200千克，经济效益非常可观，是湖区广大农民种田致富的一个好门道，其方法如下。

1）稻田的条件与准备

稻田要选择水质良好（水质符合国家养殖用水相关标准）、水量充足、没有污染的大水体做水源，并且离水源较近，保水性能好，排灌方便，不会被洪水淹没。稻田的面积宜大，一般为数公顷。田埂较高（彩图41）。田埂内沿四周开挖宽4～5米、深0.8米的环形养虾沟。面积较大的田，中间还要开挖“十”字形（彩图42）、“井”字形或“日”字形田间沟，宽2～3米、深0.6～0.8米。环形养虾沟和田间沟面积占稻田面积5%～10%。利用开挖环形虾沟和田间沟挖出的泥土加固、加宽、加高田埂，平整田面。田埂加固时每加一层泥土都要进行夯实，以防以后暴风雨时田埂坍塌。田埂顶部应宽3米以上，并加高0.5～1.0米，至少能关住0.4～0.6米深的水，有条件的应在田埂上用网片或石棉瓦封闭，防止小龙虾逃逸。排水口要用铁丝网或铁栅栏围住，防止小龙虾随水流而外逃或敌害生物进入。

其他准备与前述的稻田养虾相同。

2）小龙虾的放养

采取小龙虾与中稻轮作的模式，要一次放足虾种，分期分批捕捞。中稻和小龙虾的轮作中，小龙虾的放养有3种模式。

（1）**放种虾模式**　每年的7—8月，在中稻收割前1～2个月，往稻田的环形养虾沟中投放经挑选的小龙虾亲虾。投放量为每667米^2 18～20千克，高的可到25～30千克，雌、雄比例3∶1。小龙虾亲虾投放后不必投喂，亲虾可自行摄食稻田中的有机碎屑、浮游动物、水生昆虫、周丛生物及水草。稻田的排水、晒田、割谷照常进行，在稻田排水、晒田时小龙虾亲虾会掘洞进入地下进行繁殖。中稻收割后将秸秆还田随即灌水，施放腐熟的有机草粪肥，培肥水质。待发现有较多幼虾活动时，可用地笼捕走大虾，并加强对幼虾的饲养和管理。在投放种虾这种模式中，小龙虾亲虾的选择很重要。选择的亲虾要求颜色暗红或黑红、有光泽、体表光滑无附着物，个体大，雌、雄性个体重均在40克以上，最好雄性个体大于雄性个体，雌、雄亲虾都要求附肢齐全、无损伤，体格健壮，活动能力强，离水时间要尽可能短。

（2）**放抱卵虾模式**　每年的9—10月，当中稻收割后，将稻草还田，用木桩在稻田中营造若干深10～20厘米的人工洞穴并立即灌水。稻田灌水后往稻田中投放抱卵虾。抱卵虾可来源于人工繁殖，也可从市场收购，但人工繁殖的抱卵虾质量较好，成活率较高。抱卵虾离水时间要尽可能短，所产卵粒要多，投放量为每667米^{2}5千克左右。抱卵虾投放后不必投喂人工饲料，但要投施一些牛粪、猪粪、鸡粪等腐熟的农家肥，培肥水质。抱卵虾可自行摄食稻田中的有机碎屑、浮游动物、水生昆虫、周丛生物、水草及猪、牛粪。待发现有小虾活动时，可用地笼适时捕走大虾并加强对幼虾的饲养和管理。稻田中天然饵料生物不丰富的，可适当投喂一些人工饵料，如鱼糜，人工捞取的枝角类和桡足类，绞碎的螺、蚌肉等。

(3) 放幼虾模式 每年的10—11月当中稻收割后，用木桩在稻田中营造若干深10～20厘米深的人工洞穴并立即灌水。往稻田中投施腐熟的农家肥，每667米^{2}投施量为100～300千克，均匀地投撒在稻田中，没于水下，培肥水质。往稻田中投放离开母体后的幼虾2万～3万尾每667米^2。在天然饵料生物不丰富时，可适当投喂一些鱼肉糜，绞碎的螺、蚌肉；动物饲料不丰富时，可适当投喂一些鱼肉糜，绞碎的螺、蚌肉及动物屠宰场和食品加工厂的下脚料等，也可人工捞取枝角类、桡足类，每667米^{2}每天可投500～1 000克或更多。人工饲料投在稻田沟边，沿边呈多点块状分布。

上述3种放养模式，稻田中的稻草应尽可能多地留置在稻田中，呈多点堆积并没于水下浸沤。整个秋、冬季，注重投肥、投草，培肥水质。一般每个月投1次水草，施1次腐熟的农家粪肥。天然饵料生物丰富的可不投饲料，天然饵料生物不足而又看见有大量幼虾活动时，可适当投喂鱼糜、绞碎的螺蚌肉、屠宰厂的下脚料、粮食和食品加工厂的下脚料（如三等粉）等人工饲料，也可人工捞取枝角类、桡足类投喂。当水温低于12℃，可不投喂。冬季小龙虾进入洞穴中越冬，到翌年的2—3月水温才适合养殖小龙虾。调控的方法是：白天有太阳时，水可浅些，让太阳晒水以便水温尽快回升；晚上、阴雨天或寒冷天气，水应深些，以免水温下降。开春以后，要加强投草、投肥，培养丰富的饵料生物，一般每667米^{2}每半个月投1次水草，100～150千克；每个月投1次发酵的猪牛粪，100～150千克。有条件的每天还应适当投喂1次人工饲料，以加快小龙虾的生长。可用的饲料有虾人工配合饲料，饼粕、谷粉，砸碎的螺、蚌及动物屠宰场的下脚料等，投喂量按稻田存虾重量的2%～6%，傍晚投喂。3月底用地笼开始捕虾，捕大留小，一直至5月底、6月初中稻田整田前，彻底干田，将田中的小龙虾全部捕起。以上3种模式，以7—8月投放种虾和10—11月投放幼虾的模式较好。这两种模式比9—10月放抱卵虾模式出幼虾的时间要早20～30天，越冬前的饲养期多20～30天对于翌年小龙虾的个体规格和产量有很大的影响，对于幼虾的越冬和提高越冬成活率，意义也很重大。

三、草荡、圩滩地养殖小龙虾

草荡、圩滩地养虾充分利用了大水面优越的自然条件与丰富的生物饵料，具有省工、省饲、投资少、成本低、收益高等优点。可以将鱼、虾、蟹混养和水生植物共生，综合利用水域；还可以实行规模经营，建立生产、加工、营销一体化企业，发挥综合效益和规模效益的优势。因此草荡、圩滩地养虾是充分利用我国大水面资源的一种有效途径。

1. 养殖水体的选择及养虾设施的建设

草荡、圩滩地养虾，要求选择水源充沛、水质良好、水生植物和天然饵料资源比较丰富、水位稳定且易控制、水口较少的草荡、圩滩地，尤其以封闭式草荡、圩滩地最为适宜，容易提高起捕率和增加产量。

选择养虾的草荡、圩滩地，要根据虾的生活习性，搞好基础设施建设，开挖一定的虾沟或河道，特别是一些水位浅的草荡、圩滩地。通常在草滩四周开挖，其面积占整个草荡的30%（彩图43）。虾沟主要的作用是春季放养虾种、鱼种，冬季也可为小龙虾提供栖息穴居的地方。

由于小龙虾有逆水上溯行为，因此在养殖区域要设置防逃设施，尤其是进、排水口需安装栅栏等防逃设施。

2. 种苗放养前的准备

1）清除敌害鱼类

对草荡、圩滩地养殖小龙虾危害较大的鱼类有黑鱼、鲤、草鱼等，这些鱼类不但与小龙虾抢食底栖动物和优质水草，有的还会吞食虾种和软壳虾。因此在小龙虾种苗放养前进行一次彻底清除，方法是用几台功率较大的电捕鱼器并排前行，来回几次清除草荡、圩滩地内的敌害鱼类。

2）改良水草种类和控制水草生长

草荡、圩滩地内水草覆盖面应保持在90%以上，水草不足时应移植伊乐藻、轮叶黑藻、马来眼子菜等小龙虾喜食且又不污染水质的水草。另外，根据草荡、圩滩地内水草的生长情况，不定期地割掉水草老化的上部，以便使其及时长出嫩草，供小龙虾摄食。

3）投放足量螺蛳

草荡、圩滩地内清除敌害生物后开始投放螺蛳。螺蛳投放的最佳时间是2月底到3月中旬，螺蛳的投放量为每667米^{2}400～500千克，让其自然繁殖。当网围内的螺蛳资源不足时，要及时增补，确保网围内保持足够数量的螺蛳资源。

3. 种苗放养

草荡、圩滩地放养有两种放养模式：一种放养方法是在7—9月按每667米^{2}投放经挑选的小龙虾亲虾10～15千克，平均规格40克以上，雌、雄性比2∶1或1∶1。投放亲虾后不需投喂饲料，翌年的4—6月开始用地笼、虾笼捕捞，捕大留小，年底保存一定数量的留塘亲虾，用于来年的虾苗来源。另一种方法是在春天4—6月投放小龙虾幼虾，规格为50～100尾/千克，每667米^{2}投放25～30千克。通常两种放养量可达到每667米^{2}50～75千克的产量。虾种要一次放足，以后小龙虾可以自繁自育，满足养殖生产。

草荡、圩滩地放养小龙虾后，在开春也可以放养河蟹和鱼类，其放养量为每667米^{2}放养规格为100～200只/千克的1龄蟹种100～200只，鳜种10～15尾，1龄鲢、鳙种50～100尾，充分利用养殖水体，提高经济效益。

4. 饲养管理

（1）**投饲管理** 饲料管理是草荡、圩滩地养虾的核心工作，首先要搞好饲料投喂。草荡、圩滩地养殖小龙虾一般采取粗养的方法，即利用草荡、圩滩地内的天然饵料饲养的方法。为了提高养殖效益，粗养过程中也要适当投喂饲料。特别是6—9月，是小龙虾的生长旺期，投足饲料能提高养殖产量。饲料投喂要根据小龙虾投喂后的饱食度来调整投饲次数。一般每天投喂2次，05:00以前和17:00以后各投喂1次，日投饲量在3%～5%。上午可投在水草深处，下午可投在浅水区。投喂后要检查吃食情况，一般投喂后2小时吃完为宜。

(2) 水质管理　虾、鱼放养初期草荡、圩滩地水位可浅一些，随着气温升高，鱼、虾、蟹吃食能力增强，应及时通过水闸灌注新鲜水，使水深保持1.0～1.2米，使小龙虾能在草滩觅食。7—8月气温高，可将水位逐渐加深并保持相对稳定，以增加鱼、虾、蟹的活动空间。秋季根据水质变化情况，及时补进新水，保持水质良好，利于小龙虾和河蟹的生长、肥育。

(3) 日常管理

① 搞好水草移植。为了增加小龙虾适口的植物性饵料，提供良好的栖息、蜕壳场所，虾苗虾种放养前要移栽水草。如果水草被小龙虾吃完，还应及时补栽，确保草荡、圩滩地中始终有丰盛的水草。这样既可为小龙虾提供大量适口饵料，又起到保护其栖息和生长的作用。

② 建立岗位管理责任制。实行专人值班，坚持每天早晚各巡田1次，严格执行以“四查”为主要内容的管理责任制。一查水位水质变化情况，定期测量水温、溶解氧、pH等；二查小龙虾活动摄食情况；三查防逃设施完好程度；四查敌害侵袭情况。发现问题立即采取相应的技术措施，并做好值班日志。

③做好防汛准备工作。草荡、圩滩地一般都处于地势低洼的水网地区，有的还有泄洪等任务。因而凡有条件的，都要备足一定的防汛器材，并提前搞好田埂、防逃设施的加固和网拦设备，避免因洪水漫荡造成鱼、虾、蟹的逃逸。

四、水生经济植物田（池）养殖小龙虾技术

1. 水芹田养殖小龙虾

水芹田养殖小龙虾是利用水芹田8月之前空闲季节养殖小龙虾，即8月至翌年2月种植水芹，翌年2—8月养殖小龙虾的一种

种养结合的生产模式（彩图44）。

1）水芹田改造工程

养殖小龙虾的水芹田四周开挖环沟和中央沟，沟宽1～2米、沟深50～60厘米，开挖的泥土用以加固池（田）埂，池埂高1.5米，压实夯牢，不渗不漏。水芹田养殖小龙虾需水源充足，溶氧量5毫克/升以上，pH 7.0～8.5，排灌方便，进、排水分开。进、排水口用聚乙烯双层密眼网扎牢封好，以防养殖虾逃逸和敌害生物侵入。同时配备水泵、增氧机等机械设备，每0.33公顷水面配备1.5千瓦的增氧机1台。

2）放养前准备

（1）清池消毒　每667米^{2}小龙虾池塘水深10厘米用15～20千克茶粕清池消毒。

（2）水草种植　水草品种可选择伊乐藻、轮叶黑藻和马来眼子菜等沉水植物，也可用水花生或蕹菜（空心菜）等水生植物，水草种植面积占虾池总面积的30%。

（3）施肥培水　虾苗放养前7天，每667米^{2}施放腐熟有机肥如鸡粪150千克，以培育浮游生物。

3）虾苗放养

在4—5月每667米^{2}放养规格为150～300尾/千克的幼虾6 000～8 000尾。选择晴好天气放养，放养前先取池水试养虾苗，虾苗放养时温差应小于2℃。

4）饲养管理

（1）饲料投喂　饲料可使用绞碎的米糠、豆饼、麸皮、杂鱼、螺蚌肉、蚕蛹、蚯蚓、屠宰场下脚料或配合饲料等。根据不同生长阶段投喂不同产品，保证饲料营养与适口性，坚持“四定”（定时、定点、定质、定量）“四看”（看水质、看天气、看季节、看水产动物活动情况）投饵原则。日投饲量为虾体重的3%～5%，分两次投喂，05:00以前投饲量占30%，17:00以后投饲量占70%。

（2）水质调控　养殖池水：养殖前期（4—5月）要保持水体

有一定的肥度，透明度控制在25～30厘米。中、后期（6—8月）应加换新水，防止水质老化，保持水中溶解氧充足，透明度应控制在30～40厘米，溶氧量保持在4毫克/升以上，pH 7.0～8.5。

注换新水：养殖前期不换水，每7～10天注入新水1次，每次10～20厘米。中、后期每15～20天注换水1次，每次换水量为15～20厘米。

生石灰泼洒：小龙虾养殖期间，每15～20天使用1次生石灰，每667米^{2}每次用量为10千克，兑水溶化随即全池均匀泼洒。

（3）**日常管理**　每天早晚各巡塘1次，观察水色变化、小龙虾活动和摄食情况，检查池埂有无渗漏，防逃设施是否完好。生长期间一般每天凌晨和中午各开增氧机1次，每次1～2小时。雨天或气压低时，延长开机时间。

5）**病害防治**

坚持以防为主、综合防治的原则，如发现养殖虾患病，应选准药物，对症下药，及时治疗。

6）**捕捞收获**

7月底至8月初在环沟、中央沟设置地笼捕捞，也可在出水口设置网袋，通过排水捕捞，最后排干田水进行捕捉。捕捞的小龙虾分规格及时上市或做虾种出售。

另外，水芹的种植及其生长过程中应注意以下几点。

（1）**整地与施肥**　排干田水，每667米^{2}施入腐熟有机肥1 500～2 000千克，耕翻土壤，耕深10～15厘米，旋耕碎土，精耙细平，使田面光、平、湿润。

（2）**催芽与排种**　一是催芽时间。一般确定在排种前15天进行，通常8月上旬进行，当日均气温在27～28℃时开始。二是种株准备。从留种田中将母茎连根拔起，理齐茎部，除去杂物，用稻草捆成直径为12～15厘米的小束，剪除无芽或只有细小芽的顶梢。三是堆放。将捆好的母茎交叉堆放于接近水源的阴凉处，堆底先垫一层稻草或用硬质材料架空，通常垫高10厘米，堆高和直径不超过2米，堆顶盖稻草。四是湿度管理。每天早晚洒浇凉水1次，降温保湿，保持堆内温度 20～25 ℃，促进母茎各节叶腋中休眠芽萌发。每隔 5～7 天于上午凉爽时翻堆 1 次，冲洗去烂叶残屑，并使受温均匀。种株 80%以上腋芽萌发长度为 1～2 厘米时，即可排种。

排种时间一般在 8 月中、下旬，选择阴天或晴天 16:00 后进行。将母茎基部朝外，梢头朝内，沿大田四周做环形排放，整齐排放 1～2 圈后，进入田间排种，茎间距 5～6 厘米。将母茎基部和梢部相间排放，并用少量淤泥压住，在后退时抹平脚印洞穴。

（3）**水位及水肥管理**　水位管理分 3 个阶段。①萌芽生长阶段：排种后日均气温仍在 24～25 ℃，最高气温达 30 ℃以上，田间保持湿润而无水层。如遇暴雨，及时抢排积水。排种后 15～20 天，当大多数母茎腋芽萌生的新苗已生出新根和放出新叶时，排水搁田 1～2 天，使土壤稍干或出现细丝裂纹，搁田后复水，灌浅水 3～4 厘米。②旺盛生长阶段：随植株生长逐步加深水层，使田间水位保持在植株上部 3 厘米处，有 3 张叶片露出水面，以利正常生长。③生长停滞阶段：当冬季气温降至 0 ℃以下时，临时灌入深水，水灌至植株全部没顶为宜。气温回升后，立即排水，仍保持部分叶片露出水面，同时适时搞好追施肥料。搁田复水后施苗肥，一般每 667 米^2 施放 25%复合肥 10 千克或腐熟粪肥 1 000 千克。以后看苗追肥 1～2 次，每 667 米^2 每次用尿素 3～5 千克。

（4）**定苗除草**　当植株高 5～6 厘米时，进行匀苗和定苗。定苗密度为株间距 4～5 厘米，同时进行除草。

（5）**病虫害防治**　水芹的病虫害主要有斑枯病以及蚜虫、飞虱、斜纹夜蛾等。采用搁田、匀苗、氮磷钾配合施肥等，能有效地预防斑枯病。采用灌水浸虫法除蚜，即灌深水到全面植株没顶，用竹竿将漂浮水面的蚜虫及杂草向出水口围赶清除田外。整个灌、排水过程在 3～4 小时内完成。同时，根据查测病虫害发生情况选用药物，采用喷雾方法进行防治。

（6）**采收**　水芹栽植后 80～90 天即可陆续采收，直至翌年 1—2 月。采收时将植株连根拔起，污泥用清水冲洗干净，剔除黄叶和须根，并切除根部，理齐捆扎。产品长度控制在60～70厘米，每扎重量0.5千克或1.0千克，鲜菜装运上市。收割时沿田边四周的水芹留下30～50厘米，作为小龙虾养殖时的栖息隐蔽场所。

2. 藕田、藕池养殖小龙虾技术

在藕田、藕池中养殖小龙虾，是充分利用藕田、藕池水体、土地、肥力、溶解氧、光照、热能和生物资源等自然条件的一种养殖模式（彩图45）。栽种莲藕的水体大体上可分为藕池与藕田两种类型：藕池多是农村坑塘，水深多在50～180厘米，栽培期为4—10月，藕叶遮盖整个水面的时间为7—9月。藕田是专为种藕修建的池子，池底多经过踏实或压实，水深一般为10～30厘米，栽培期为4—9月。由于藕池的可塑性较小，利用藕池饲养小龙虾，多采用粗放的饲养模式。而藕田由于便于改造，可塑性较大，所以利用藕田饲养小龙虾，生产潜力较大。本书着重介绍藕田饲养小龙虾技术。

1）藕田的工程建设

选择饲养小龙虾的藕田，要求水源充足、水质良好、无污染、排灌方便、抗洪抗旱能力较强、池中土壤的pH呈中性至微碱性，并且阳光充足，光照时间长，浮游生物繁殖快，尤其以背风向阳的藕田为好。忌用有工业污水流入的藕田养殖小龙虾。养虾藕田的建设主要有以下3项。

（1）**加固加高田埂**　饲养小龙虾的藕田，为防止小龙虾掘洞时将田埂掘穿，引发田埂崩塌，在汛期和大雨后发生漫田逃虾，因此需加高、加宽和夯实池埂。加固的田埂应高出水面40～50厘米，田埂四周用塑料薄膜或钙塑板修建防逃墙，最好再用塑料网布覆盖田埂内坡，下部埋入土中20～30厘米，上部高出埂面70～80厘米；田埂基部加宽80～100厘米。每隔1.5米用木桩或竹竿支撑固定，网片上部内侧缝上宽度30厘米左右的农用薄膜，形成“倒挂须”，防止小龙虾攀爬逃逸。

（2）**开挖虾沟、虾坑**　为了给小龙虾创造一个良好的生活环境和便于集中捕虾，需要在藕田中开挖虾沟和虾坑。开挖时间一般在冬末或初春，并要求一次性建好。虾坑深50厘米，每个虾坑面积3～5米^2，虾坑与虾坑之间，开挖深度为50厘米、宽度为30～40厘米的虾沟。虾沟可呈“十”字形、“田”字形、“井”字形。一般小田挖成“十”字形，大田挖成“田”字形、“井”字形。整个田中的虾沟与虾坑要相通。一般每667米^{2}藕田开挖一个虾坑，虾坑总面积为20～30米^2，藕田的进、排水口要呈对角排列，并且与虾沟、虾坑相通连接。

（3）进、排水口防逃栅 进、排水口安装竹箔、铁丝网等防逃栅栏，高度应高出田埂20厘米，其中进水口的防逃栅栏要朝田内安置，呈弧形或U形安装固定，凸面朝向水流。注排水时，如果水中渣屑多或藕田面积大，可设双层栅栏，里层拦虾，外层拦杂物。

2）消毒施肥

藕田消毒施肥在放养虾苗前10～15天，每667米^{2}藕田用生石灰100～150千克，兑水后全田泼洒，或选用其他药物对藕田和饲养坑、沟进行彻底清田消毒。饲养小龙虾的藕田，应以施基肥为主，每667米^{2}施有机肥1 500～2 000千克；也可以加施化肥，每667米^{2}用碳酸氢铵20千克，过磷酸钙20千克。基肥要施入藕田耕作层内，一次施足，减少日后施追肥的数量和次数。

3）虾苗放养

小龙虾在藕田中饲养，放养方式类似于稻田养虾，但因藕田中常年有水，因此放养量要比稻田养虾稍大一些。

放养亲虾：将小龙虾的亲虾直接放养在藕田内，让其自行繁殖，每667米^{2}放养规格为20～40尾/千克的小龙虾5～10千克；放养时间为每年的9月中下旬。

放养虾苗：在放养前要用浓度为3%左右的食盐对其进行浸洗消毒3～5分钟，具体时间应根据当时的天气、气温及虾苗本身的耐受程度灵活确定。采用干法运输的虾种离水时间较长，要将虾种在田水内浸泡1分钟，提起搁置2～3分钟，反复几次，让虾种体表和鳃腔吸足水分后再放养。

4）**饲料投喂**

藕田饲养小龙虾适当投饲，投饲量以藕田中天然饵料的多少与小龙虾的放养密度而定。投喂饲料要采取定点投喂，即在水位较浅，靠近虾沟、虾坑的区域，拔掉一部分藕叶，使其形成明水投饲区。在投喂饲料的整个季节，遵守“开头少，中间多，后期少”的原则。

成虾养殖可直接投喂绞碎的米糠、豆饼、麸皮、杂鱼、螺蚌肉、蚕蛹、蚯蚓、屠宰场下脚料或配合饲料等，保持饲料蛋白质含量在25%左右。6—9月水温适宜，是小龙虾生长旺期，一般每天投喂2～3次，时间为09:00—10:00和日落前后或夜间，日投饲量为虾体重的5%～8%。其余季节每天投喂1次，于日落前后进行，或根据摄食情况于次日上午补喂1次，日投饲量为虾体重的1%～3%。饲料应投在池塘四周浅水处，小龙虾集中的地方可适当多投，以利其摄食和饲养者检查吃食情况。

饲料投喂需注意：天气晴好时多投，高温闷热、连续阴雨天或水质过浓则少投；大批虾蜕壳时少投，蜕壳后多投。

5）**日常管理**

利用藕田饲养小龙虾的成功与否，取决于饲养管理的优劣。灌水藕田饲养小龙虾，在初期宜灌浅水，水深10厘米左右即可。随着藕和虾的生长，田水要逐渐加深到15～20厘米，以促进藕的开花生长。在藕田灌深水及藕的生长旺季，由于藕田补施追肥及水面被藕叶覆盖，水体常呈灰白色或深褐色。这时水体极易缺氧，在后半夜尤为严重。在饲养过程中，要采取定期加水和排出部分老水的方法，调控水质，保持田水溶氧量在4毫克/升以上，pH为7.0～8.5，透明度35厘米左右。每15～20天换1次水，每次换水量为池塘原水量的1/3左右。每20天泼洒1次生石灰水，每667米^{2}每次用生石灰10千克。藕田施肥主要应协调好藕和虾的矛盾，在虾健康生长的前提下，允许一定浓度的施肥。养虾藕田的施肥，应以基肥为主，约占总施肥量的70%，同时适当搭配化肥。施追肥时要注意气温低时多施，气温高时少施。为防止施肥对小龙虾生长造成影响，可采取半边先施、半边后施的方法交替进行。

6）捕捞

藕田饲养小龙虾，可用虾笼等工具进行分期分批捕捞，也可一次性捕捞。若采取一次性捕捞，在捕捞之前将虾爱吃的动物性饲料集中投喂在虾坑、虾沟中，同时采取逐渐降低水位的方法，将虾集中在虾坑、虾沟中进行捕捞。捕捞时间要求在5月底结束，全部捕捞出小龙虾，然后清塘养藕。

3. 茭瓜田养殖小龙虾技术

茭瓜田养殖小龙虾是利用茭白与小龙虾共生原理，达到互相利用、互相促进的目的，从而实现较好的经济效益、社会效益和生态效益。

1）茭瓜田的工程建设

选择水源充足、无污染，排灌方便，保水性能好，面积在667米^{2}以上的田块或池塘。沿埂内四周开挖宽2～3米、深0.5～0.8米的环沟，池塘较大的，中间还需适当开挖“十”字形或“井”字形中间沟，中间沟宽0.5～1.0米、深0.5米，并与环沟相通，开挖的面积占池塘总面积的1/5。挖出的泥土用来加高、加宽池埂。在池塘进、排水口用密眼聚乙烯网布设置双层网栅。池埂四周用防逃隔板搭建防逃设施，每隔2～3米用竹桩支撑，隔板底端埋入土中20厘米。

2）种养前准备

（1）消毒施肥　在茭苗移栽前10天，对池沟进行消毒处理。每667米^{2}施用生石灰60千克，化浆均匀泼洒，用以杀灭致病菌和敌害生物。在茭苗移栽前3天，每667米^{2}施腐熟的有机肥1 500千克、钙镁磷肥20千克、复合肥30千克，翻耕至土层内，旋耕平整，注水后即可移栽茭苗。

（2）移草投螺　在池沟中栽种伊乐藻、轮叶黑藻等沉水植物，在池塘浅水区移养水花生、水葫芦等水生植物，为小龙虾提供隐蔽、栖息和取食的场所。清明节后，每667米^{2}投放螺蛳50千克，让其自然繁殖，供与小龙虾摄食。

3）茭苗移栽与虾苗放养

(1) 茭苗移栽　在3月下旬至4月中旬将茭墩挖起，用利刃顺分蘖处劈开成数小墩，每墩带匍匐茎和健壮分蘖芽4～6个，剪去叶片，保留叶鞘长16～26厘米，减少蒸发，以利提早成活。茭苗以行距1米、株距0.8米、穴距50～65厘米、每667米^2 1 000～1 200株为宜。

(2) 虾苗放养　在茭瓜苗移栽成活后，且池沟内长有丰富的适口饵料生物时，立即投放小龙虾苗种。虾苗应选择体质健壮、健康活泼、附肢齐全、规格3厘米左右的幼虾，每667米^{2}放养6 000～8 000尾，一次放足。为充分利用水体空间，可适当放养鲢、鳙鱼种（4∶1），放养规格为10尾/千克，每667米^{2}放养数量为120尾。

4）科学管理

(1) 水质管理　以“浅—深—浅”（浅水栽植、深水活棵、浅水分蘖）为原则。萌芽前灌水30厘米，栽后保持水深50～80厘米，分蘖前仍宜浅水80厘米，促进分蘖和发根。至分蘖后期，水加深至100～120厘米，控制无效分蘖。7—8月高温期宜保持水深130～150厘米。

(2) 科学投喂　根据季节辅喂精料，如菜饼、豆渣、麸皮、米糠、蚯蚓、蝇蛆、鱼用颗粒料和其他水生动物等。可投喂自制混合饲料或购买小龙虾专用饲料，也可投喂一些动物性饲料，如螺蚌肉、鱼肉、蚯蚓或捞取的枝角类、桡足类以及动物屠宰厂的下脚料等，沿池边四周浅水区定点多点投喂。投喂量一般为小龙虾体重的5%～10%，采取“四定”投喂法，傍晚投料要占全日量的70%。每天投喂2次饲料，08:00—9:00投喂1次，18:00—19:00投喂1次。

(3) 科学施肥　基肥常用人畜粪、绿肥。追肥多用化肥，宜少量多次，可选用尿素、复合肥、钾肥等，禁用碳酸氢铵。有机肥应占总肥量的70%。

(4) 茭白用药　应对症选用高效低毒、低残留、对混养的小龙虾没有影响的农药。施药后及时换注新水，严禁在中午高温时喷药。

5）采收

茭白按采收季节可分为一熟茭和两熟茭。采收茭白后，应该用手把墩内的烂泥培上植株茎部，一般每667米^{2}产茭白750～1 000千克。小龙虾收获可以用地笼、虾笼进行捕捞收获，一般每667米^{2}产小龙虾200千克。

第四节　小龙虾饲料和投喂

在小龙虾养殖中，饲料的质量关系到商品虾的生长和品质。因此，养殖小龙虾必须了解其食性及营养需求，选用价廉物美的饲料，进行科学投喂，才能达到提高养殖产量和经济效益的目的。

一、小龙虾食性及摄食特点

1. 小龙虾的食性

小龙虾是以植物性食物为主的杂食性动物。刚孵出的幼体以其自身卵黄为营养；Ⅱ期幼体能滤食水中的藻类、轮虫、腐殖质和有机碎屑等；Ⅲ期幼体能摄取水中的小型浮游动物，如枝角类和桡足类等。幼虾具有捕食水蚯蚓等底栖生物的能力。成虾的食性更杂，能摄食甲壳类，软体动物，水生昆虫幼体，水生植物的根、茎、叶，水底淤泥表层的腐殖质、有机碎屑，人工投喂的各种植物、动物下脚料及人工配合饲料。

2. 小龙虾的摄食特点

小龙虾摄食方式是用螯足捕获大型食物，撕碎后再送给第二、第三步足抱食。小型食物则直接用第二、第三步足抱住啃食。小龙虾猎取食物后，常常会迅速躲藏或用螯足保护，以防其他虾类来抢食。

小龙虾不仅摄食能力强，而且有贪食、争食的习性。其摄食有以下特点：一是小龙虾的胃容量小、肠道短，因此必须连续不断地进食才能满足生长的营养需求。二是小龙虾的摄食在傍晚至黎明是摄食高峰，尤其以黄昏为多。三是长期处于饥饿状态下的小龙虾将出现蜕壳激素和酶类分泌的混乱，一旦水温升高或水质变化时就会出现蜕壳不遂并大批量死亡。四是在饵料不足的情况，小龙虾有相互蚕食的现象，尤其是幼虾和正蜕壳或刚蜕壳的没有防御能力的软壳虾常被成年小龙虾捕食，有时抱卵亲虾会蚕食自己所抱的卵。五是小龙虾的摄食强度在适温范围内随水温的升高而增强，水温低于8℃时摄食明显减少，但在水温降至4℃时，小龙虾仍能少量进食；水温超过35℃时，其摄食量出现明显下降。摄食最适水温为15～28℃。六是小龙虾还具有较强的耐饥饿能力，秋、冬季节一般20～30天不进食也不会饿死。

二、小龙虾饲料种类与来源

目前小龙虾养殖用饲料有小鱼虾、螺蚌肉、蚯蚓、蚕蛹等动物性饲料，玉米、小麦、豆饼、麸皮等植物性饲料及人工配合饲料等。小龙虾饲料根据其来源主要可分为天然饵料、单一人工饲料（配合饲料原料）、配合饲料三大类。

1. 天然饵料

小龙虾的生长速度取决于食物的质量和数量、天然饵料的丰歉。池塘养殖的一大特色就是利用池塘施肥，增加池塘中浮游生物、有益微生物及底栖生物，为小龙虾生长提供营养丰富、数量充足又物美价廉的天然饵料。小龙虾的天然饵料包括浮游植物、浮游动物、底栖生物、底生植物、腐屑和细菌等。

（1）**浮游植物**　淡水浮游植物包括金藻、隐藻、黄藻、甲藻、硅藻、裸藻、绿藻和蓝藻8个门类。浮游植物一般含水分较多，含有丰富的蛋白质、维生素、钙、磷，纤维素含量高，是幼虾的主要食物之一。

（2）**浮游动物**　浮游动物主要包括原生动物、轮虫、枝角类、桡足类以及其他甲壳动物的幼体。浮游动物的繁殖力较强，是鱼、虾、蟹天然饵料的重要组成部分，大多数鱼、虾类的幼体阶段都以浮游动物为主要食物。

(3) **底栖动物** 小龙虾喜食的底栖动物有螺类、蚌类、螳蝽、龙虱及其幼虫、蜻蜓幼虫、摇蚊幼虫、尾鳃蚓、水蚯蚓、仙女虫等。

(4) **水生植物** 根据水生植物与水环境的关系、形态构造和生态分布，可将水生植物分为以下4个生态类群。

挺水植物：典型种类有芦苇、菰、蒲草等。

浮叶植物：典型种类有菱、芡实、睡莲、水花生等。

飘浮植物：典型种类有小浮萍、紫背浮萍、芜萍、水葫芦等。

沉水植物：典型种类有马来眼子菜、茨藻、聚草、苦草、轮叶黑藻等。

(5) **腐屑和细菌** 主要包括水生动植物的尸体或代谢产物、饲料肥料的残余有机物、水生细菌等。

2. 单一人工饲料

在小龙虾养殖生产中，天然饵料只是促进虾生长的一个方面，要使虾在短期内达到商品规格，主要还是依靠投喂人工饲料（包括单一人工饲料和配合饲料）。

可以用作小龙虾饲料的单一人工饲料种类较多，根据不同饲料源的营养特征，具体可以分为以下几类：动物性蛋白饲料，植物性蛋白饲料，谷实、糠麸及糟渣类饲料，单细胞蛋白源和饲料添加剂等。

1）动物性蛋白饲料

凡来源于动物的饲料都属于动物性蛋白饲料，包括鱼粉、血粉、羽毛粉、肉骨粉、肉粉、蚕蛹粉、酪蛋白、动物胶、动物下脚料等，还包括活饵料，如浮游动物（轮虫、卤虫、水蚤）、蚯蚓、蝇蛆、螺蚌（贻贝、福寿螺）等。

(1) **鱼粉** 鱼粉与水产动物所需的氨基酸比例最接近，添加鱼粉可以保证水产动物生长较快，是重要的动物性蛋白原料。因鱼的种类、鲜度、加工工艺等不同鱼粉质量悬殊，尤其是我国受鱼粉原料和工艺水平的限制，国产鱼粉与进口鱼粉存在较大差距。鱼粉粗蛋白质含量54%～72%，粗脂肪8%左右，富含B族维生素（尤以维生素B_{12}、维生素B_2含量高），还含有维生素A、维生素D和维生素E等脂溶性维生素，钙、磷的含量高且比例适宜，所有磷都是可利用磷，硒、碘、锌、铁的含量也很高。此外，鱼粉中含有促生长的未知因子，可刺激动物生长发育。

（2）**其他动物性蛋白源** 除鱼粉外，乌贼粉、虾粉、血粉、肉粉、肉骨粉、贻贝粉、蚕蛹等也可作为动物性蛋白源。因各原料动物种类不同，营养成分差异较大，粗蛋白质含量从37%～90%不等，氨基酸的组成及含量也有较大区别。饲料中添加这类动物性蛋白原料，可以起到很好的氨基酸平衡作用，更有利于提高饲料的消化吸收率。

（3）**新鲜杂鱼** 新鲜杂鱼分为海水鱼与淡水鱼两类，海水鱼主要包括玉筋鱼、远东拟沙丁鱼、鲐等，淡水鱼以人工饲养的鲮种、鲢种、鳙种、罗非鱼种、天然水域的野生小型鱼类为主。苗种以蚯蚓、轮虫、水蚯蚓、蝇蛆等作为动物性蛋白饲料。这些生物饲料具有氨基酸平衡好、易消化吸收、适口性好的特点，目前仍作为不少名贵鱼类、虾、蟹的重要饲料源。但是为了有效节省水产资源，推动资源节约型、环境友好型的水产养殖，应逐步减少新鲜杂鱼的使用量，大力提倡投喂营养全面的配合饲料。

总的来说，动物性蛋白饲料的优点是蛋白质含量高、氨基酸组成好、容易被鱼类消化利用，缺点是价格高、来源有限。

2）植物性蛋白饲料

植物性蛋白源中以豆科籽实及其加工产品、油料籽实及加工副产品为主。由于大豆制品的蛋白质营养价值高，氨基酸组成更合理，糖类含量较谷实类饲料低，且经济实用，目前在虾、蟹饲料中已成为研究替代动物性蛋白源的重点。

（1）**豆制产品及大豆蛋白** 以大豆为原料的豆制产品有大豆粉、豆饼（粕）等。大豆粉有全脂大豆粉和脱脂大豆粉两种。大豆蛋白的营养价值高，资源丰富，原料成本低，消化率高，被认为是满足鱼、虾必需氨基酸要求的最好植物蛋白源，故大豆蛋白被广泛用于配制配合饲料。豆类籽实经过压榨或浸出法提取油脂后的副产品豆饼或豆粕，其粗蛋白质含量为40%～44%，必需氨基酸组成较理想，是最佳的植物蛋白源。值得注意的是生豆饼或豆粕中含胰蛋白酶抑制因子，不宜直接用于饲料，需经过加热工艺处理（如焙烘或膨化）后，除去生豆饼或豆粕含有的抗营养因子，才可大大提高其营养功效。生产中常用豆制产品部分替代鱼粉，既能提高饲料利用率，又可降低成本。

（2）玉米蛋白粉 玉米蛋白粉蛋白质含量有40%与60%两种，富含蛋氨酸和色素，叶黄素占53.4%，具有天然着色剂之功效。在饲料配方中，添加玉米蛋白粉不仅起到平衡氨基酸的作用，还可增加养殖鱼、虾的色度。

（3）其他植物性蛋白源 除豆饼和豆粕外，不少饼（粕）类饲料也可用作植物性蛋白源，主要有菜籽饼（粕）、花生仁饼（粕）、棉仁饼（粕）等。

菜籽饼（粕）蛋白质含量34%～38%，富含蛋氨酸（0.7%）、赖氨酸（2.0%～2.5%），精氨酸含量低，维生素中烟酸及胆碱含量是其他饼（粕）类饲料的2～3倍，硒含量是其他的10倍。

花生仁饼（粕）蛋白质含量44%～47%，蛋白质中球蛋白含量63%，精氨酸含量5.2%，B族维生素含量较高。饲料配方中，花生仁饼（粕）常与菜籽饼（粕）搭配。

棉仁饼（粕）蛋白质含量在41%以上，精氨酸含量高（3.6%～3.8%），需脱壳、加热处理，减少游离棉酚的含量。

3）谷实、糠麸及糟渣类饲料

（1）小麦、小麦胚芽及麦麸 小麦蛋白质含量5%～18%。小麦粉（面粉）常作为配合饲料的能量饲料源，在饲料中起黏合作用，增强饲料成型稳定性。小麦胚芽富含可消化蛋白质，可直接投喂。麦麸质地松软，适口性高，易吸收。

（2）米糠 米糠是去壳稻谷加工精大米的副产物，蛋白质含量12%，赖氨酸0.55%，富含B族维生素，肌醇含量较高，是配合饲料的重要原料，也可直接投喂鱼、虾。

（3）**酒糟**　酒糟是酿造酒类的副产品。酒糟由于使用原料的种类不同，其作用有所差异，一般以高粱、玉米、糯米等为原料经发酵的酒糟，其蛋白质含量高，可作为蛋白质饲料；其次是薯类酒糟。以啤酒糟为原料，添加一定量的辅料，经膨化后制成的干品啤酒粕，也是良好饲料源。

（4）**醋糟、酱油糟**　醋糟是以高粱、麸皮、米糠、碎米等为原料，经发酵酿醋后的渣。酱油糟是大豆、小麦、豌豆、蚕豆、麸皮酿制酱油时的副产品，具有特别的芳香味。

醋糟和酱油糟这两大类饲料种类繁多，一般都是高碳水化合物、低蛋白质的饲料，但是来源广、产量高、成本低，也是水产饲料重要的组成部分。

4）单细胞蛋白源

单细胞蛋白源也称微生物饲料，主要包括一些单细胞藻类、酵母、细菌和真菌等。此类饲料源蛋白质含量高，必需氨基酸含量高且较平衡，有丰富的维生素、矿物质，粗纤维含量极低，其代表产品有单细胞藻类和酵母等，近年来深受水产饲料生产厂和养殖者的欢迎。

酵母蛋白源通常包括饲料酵母、石油酵母、海洋酵母和啤酒酵母，应用最广的是饲料酵母。饲料酵母是水产饲料中替代鱼粉的较为理想的蛋白源，其蛋白质含量一般高于50%，营养丰富，维护肠道微生态平衡，抑制有害细菌的繁殖，增强免疫力，提高养殖虾增重率和降低饲料系数，促进生长。

5）饲料添加剂

饲料添加剂是指在饲料加工和使用时，添加一类具有提高饲料的促生长效果、增加饲料适口性、促进养殖动物消化吸收的少量或微量物质。根据添加剂功能又分为营养性添加剂和非营养性添加剂。营养性添加剂包括维生素和矿物质，非营养性添加剂包括引诱剂、促生长剂、免疫增强剂、色素等。

3. 配合饲料

所谓配合饲料是指根据动物营养需要，将多种饲料原料按饲料配方经工业生产的饲料。以动物的营养需要为依据，并根据饲料原料中各种营养物质的含量，按科学的饲料配方、规定的工艺程序生产出的配合饲料特称为全价配合饲料。按形状分为糊状饲料、粉状饲料、软颗粒饲料、硬颗粒饲料、膨化颗粒饲料和微粒饲料等几种。目前小龙虾配合饲料主要是硬颗粒饲料。

（1）**配合饲料的优点** 配合饲料和生鲜饵料及单一饲料相比有如下优点：①充分考虑了水产动物的营养要求及饲料原料的营养特性，提高了饲料利用率；②扩大了饲料来源，一些植物的茎、叶、壳等，原来不易为水产动物所利用，经加工处理后可作为配合饲料的原料，如谷糠、松针、树叶等；③改善了适口性，配合饲料经制粒工艺可加工成各种不同大小的粒径，便于采食；④配合饲料加工成颗粒后，制粒过程中的高温可以杀死细菌和寄生虫卵，并使饲料原料中的毒素被破坏，减少疾病的发生，此外，还可减少因饲料在水中的流失而造成的饲料浪费和水体污染；⑤便于运输和储存，有利于工厂化养殖业的发展，如自动化投饵机的应用等。

（2）**配合饲料的加工工艺** 硬颗粒饲料生产工艺流程为：原料清理→粉碎→配料→混合→超微粉碎→环模压制机制粒→后熟化→干燥→冷却→包装。环模压制机采用三层强调质器，使调质后饲料中的淀粉糊化率提高到40%，提高饲料的利用率和水中稳定性。

膨化颗粒饲料生产工艺流程为：原料清理→粉碎→配料→混合→超微粉碎→膨化制粒→干燥→冷却→包装。饲料经膨化后淀粉的糊化率可达80%左右，并在颗粒表面形成一层淀粉胶状薄膜，料形圆整。饲料颗粒在水中稳定性也优于环模法。在膨化过程中，有些热敏性营养成分，如维生素C和生物活体（酶制剂）等会遭到一定程度的破坏。这类物质可以采用“包衣”法或后添加法，以避免膨化时被大量破坏。

三、小龙虾营养需求及饲料配方

1. 小龙虾营养需求

小龙虾和其他水产动物一样需要蛋白质、脂肪、糖类（碳水化合物）、矿物质（无机盐）和维生素五大类营养物质。这些营养物质参与构成机体组织和生理活动，如果缺乏其中的一种或多种必需的营养物质，或者各种营养物质的供应不平衡，都将导致小龙虾生长减慢、病害发生，如长期缺乏，将引起死亡。因此，了解小龙虾营养需求是选用饲料的基础和前提。

（1）**蛋白质和必需氨基酸**　蛋白质是小龙虾生长所需最为重要的成分，小龙虾日粮中的蛋白质是生产中需要考虑的第一营养素。日粮中过低的蛋白质含量会导致虾体生长受到抑制，使得虾体的生长潜能得不到有效的挖掘；过高的蛋白质含量可能会破坏饲料营养的平衡性，影响个体的生长，同时还可能加重水体氮的负荷，从而影响水质，甚至会对甲壳类动物产生毒害作用，不利于环境和生态的可持续发展。根据文献报道及笔者研究，小龙虾稚幼虾饲料的最适蛋白质水平为30%～33%，成虾饲料的最适蛋白质水平为28%～30%。

对蛋白质的需要，实际上是对必需氨基酸需要。一般认为，虾和蟹的体内不能合成的必需氨基酸依次为：精氨酸、蛋氨酸、缬氨酸、苏氨酸、异亮氨酸、亮氨酸、赖氨酸、组氨酸、苯丙氨酸和色氨酸。由于氨基酸的作用存在短板效应，任何一种必需氨基酸的缺乏都将影响蛋白质的合成。因此，在满足小龙虾最适蛋白质需求量时，首要的是调节饲料中各类氨基酸含量使之达平衡状态。小龙虾对必需氨基酸需要研究极少，初步研究表明，小龙虾对精氨酸、蛋氨酸、赖氨酸适宜需求量分别为2.42%～3.02%、0.77%～0.96%、1.98%～2.48%。

（2）**脂类和必需脂肪酸**　脂类是能量和生长发育所需的必需脂肪酸的重要来源，并能促进脂溶性维生素的吸收。饲料中添加一定量的脂肪可以节约部分蛋白质，可减少作为能量消耗的蛋白质，使之用于生长，从而提高蛋白质的利用效率。但添加的量必须适合，添加过量，会造成虾体内脂肪蓄积，还有可能因压迫妨碍肝脏行使正常的功能，降低虾的抗病能力。小龙虾饲料最适脂肪水平为5%～8%，一般可用鱼油和植物油调节。由于在性腺发育期间，虾类必须为卵黄蛋白的合成储备必要的营养物质如蛋白质、脂肪酸，所以在这一时期，雌虾对蛋白质、脂肪的需求要比平时都要高，应适当增加饲料蛋白质、脂肪水平或增投动物性饵料。另外，虾、蟹等甲壳动物对脂类需求的一大特点就是需要适量的胆固醇。如果虾、蟹饲料缺少胆固醇可能产生死亡率升高、生长缓慢等现象，使用量以0.5%～1.0%为宜。

(3) 糖类(碳水化合物） 饲料中的糖类主要指的是淀粉、纤维素、半纤维素和木质素。虽然糖类产生的热能远比同量脂肪所产生的热能低，但含糖类丰富的饲料原料较为低廉，且糖类能较快地放出热能，提供能量。糖类还是构成动物机体的一种重要物质，参与许多生命过程，如糖蛋白是细胞膜的组成成分之一，神经组织中含有糖脂。糖类对于蛋白质在体内的代谢过程也很重要，动物摄入蛋白质并同时摄入适量的糖类，可增加腺苷三磷酸酶形成，有利于氨基酸的活化以及合成蛋白质，使氮在动物体内的储留量增加，此种作用称为糖节约蛋白质的作用。另有研究表明，某些多糖、寡糖类物质可以提高虾的免疫力，促进虾的生长。一般的小龙虾饲料中可使用20%～35%的糖类饲料原料，最适能量蛋白比以34～36兆焦/千克为佳。

(4) 矿物质和维生素 矿物质和维生素是维持动物正常生理机能、参与体内新陈代谢和多种生化反应不可缺少的一种营养物质，与小龙虾正常生长发育、繁殖以及健康状况息息相关。如体内缺乏某种矿物元素和维生素，将产生明显的症状和病态，其作用是其他任何物质所不可替代的。

水生动物必需的矿物元素有10多种，一般把占体重0.01%以上的矿物元素称为常量元素，有钙、磷、钾、钠等；占体重0.01%以下的矿物元素称为微量元素，有铁、铜、碘、锰、锌、硒、钴等。有关小龙虾矿物元素需求研究较少，有研究认为，当小龙虾饲料中钙添加水平为1.5%，磷为1%，小龙虾的生长性能、营养物质表观消化率及对水环境的影响达到最佳的效果。

对于维生素类需求，根据目前的研究，认为至少有15种维生素为鱼虾类所必需的，分别为维生素 A、维生素 D、维生素 E、维生素 K、维生素 C、维生素 B_1、维生素 B_2、维生素 B_6、维生素 B_{12}、泛酸、生物素、烟酸、叶酸、胆碱、肌醇。目前国内外基本上没有小龙虾维生素需求方面的研究。一般认为，维生素 C 不仅是一种天然的抗氧化剂，而且作为一种辅酶，参与并调节胶原蛋白的生物合成，同时它还能调节性激素的生物合成，促进卵黄发生，调节胚胎发育过程中的新陈代谢，维持正常的胚胎发育，从而有效地改善亲体的生殖性能。因此，在生产实践中，在小龙虾亲虾培育过程中，在饲料中添加一定量的维生素 C 是必需的。添加 0.04%～0.06%的维生素 C 对小龙虾雌虾的亲虾培育具有明显的促进效果。

现实饲料配方中的各类矿物质和维生素含量主要参照中国对虾等其他虾类的研究成果，并根据其养殖水环境中矿物质组成及饲料原料的不同，来调整饲料中矿物质和维生素含量。

2. 饲料配方设计的原则

（1）科学性原则 饲料配方中各项营养指标必须建立在科学标准的基础之上，满足小龙虾对各种营养成分的需要。设计配方时，应参照《中国饲料成分及营养价值表》，并结合原料抽样实测指标（干物质、粗蛋白质、钙、磷、赖氨酸、消化能等）来调整，在取得准确数据基础上，结合实际经验，设计出准确合理的饲料配方。饲料氨基酸平衡可提高蛋白质的生物学效价和营养价值，节约蛋白质饲料用量；饲料中钙、磷比例要适当，钙、磷比例失调可引起发育不良等症状；各种营养元素间存在不同的相互关系，在制定配方时应予以考虑。而饲料的适口性、消化率直接影响小龙虾的摄食量和生长。例如菜籽饼适口性和消化率较差，在饲料中配比不能过高，若与豆饼、棉籽饼、花生饼合用，可以提高适口性，做到多种饲料合理搭配，发挥各种营养物质的互补作用，提高饲料的消化率和营养价值。

（2）经济性和市场性原则 在水产养殖生产中，饲料的费用占整个成本的 70%～80%，所以在配制饲料时，要因地制宜地尽量选用营养丰富而价格低廉的饲料进行配合，巧用饲料原料，降低成本，遵循经济、实用的原则。所用原料的种类不宜过多，否则增加采购、储存和加工成本，一般以 6～8 种为宜。当市场饲料原料价格低廉而产品售价较高时，则宜设计高档次的饲料产品，追求饲养效果和饲料转化率；当市场饲料价格坚挺而产品销售不畅、价格走低时，则宜设计较低档次的饲料产品，实现低成本饲养，保持一般生产效益。

（3）**安全性和合法性原则** 配方设计必须遵守国家有关饲料生产的法律法规，如《饲料和饲料添加剂管理条例》《中华人民共和国兽药管理条例》《饲料卫生标准》等。选用的原料要求无霉变、无污染、无毒物，确保原料的质量。尽量使用绿色饲料添加剂如复合酶、酸化剂、益生素、寡聚糖、中草药制剂等，提高饲料产品的内在质量，使产品安全、无毒、无残留、无污染，符合营养指标、感观指标和卫生指标。

3. 饲料配方的计算方法

饲料配方的计算方法有图解法、方程法、减差法、经验法和计算机法等。图解法、方程法以及减差法等方法较为繁琐和落后，计算指标简单，操作过程麻烦，因此实用价值不高。在实际应用中经验法是较为常用的，一个有丰富配方经验的设计者，往往能根据饲养标准的要求，结合实际的原料品种，各种原料的营养特点和常规应用比例以及可加工性等，初拟出一个基本配比，然后再进行各营养指标和配方成本的计算，做出相应的调整而完成配方的设计。饲料配方是经验的结晶，这样的配方往往实用性和经济性较高。饲料配方计算最科学和最方便的就是应用计算机。利用计算机及相应的软件，能建立完整的饲料原料数据库和配方数据库，能对饲料配方进行快速的计算和优化，在满足一定的要求前提下设计最低成本配方。

4. 小龙虾饲料配方实例

1）稚幼虾配方

实例 1：鱼粉 20%，发酵血粉 12%，豆饼 22%，棉仁饼 12%，次粉 22%，骨粉 4%，酵母粉 4%，棒土 2%，维生素矿物质预混料1.4%，蜕壳素0.1%，黏合剂0.5%。

实例2：鱼粉15%，豆粕24%，菜籽粕12%，花生粕12%，面粉25%，虾糠粉4%，乌贼粉2%，磷酸二氢钙2%，鱼油或豆油2%，维生素矿物质预混料1%，食盐0.4%，蜕壳素0.1%，黏合剂0.5%。

2）成虾配方

实例1：鱼粉10%，发酵血粉12%，豆饼20%，棉仁饼14%，次粉24%，玉米粉8%，骨粉4%，酵母粉4%，棒土2%，维生素矿物质预混料1.4%，蜕壳素0.1%，黏合剂0.5%。

实例2：鱼粉8%，豆粕20%，菜籽粕14%，花生粕14%，面粉25%，米糠7%，虾糠粉4%，乌贼粉2%，磷酸二氢钙2%，鱼油或豆油2%，维生素矿物质预混料1.0%，食盐0.4%，蜕壳素0.1%，黏合剂0.5%。

经笔者试验研究表明：小龙虾对豆粕、棉粕和花生粕都有较好的消化利用率，是较好的植物性蛋白质源，而乌贼膏、大蒜素对小龙虾具有较好的诱食效果，在设计配方时可参考选用。

四、小龙虾的饲料投喂

小龙虾养殖中，合理选用优质饲料，采用科学的投饲技术，可保证小龙虾正常生长，降低生产成本，提高经济效益。小龙虾饲料投饲技术包括投饲量、投饲次数、场所、时间以及投饲方法等。

1. 投饲量

投饲量是指每天投放于水体中饲料的总重量。投饲量是根据投饲率而计算的，投饲率是指每天所要投喂的饲料占虾体重的百分比。投饲率受虾大小、饲料的质量、天气、水温、溶解氧、水质等多种因素的影响，虾大小和水体水温是主要影响因素。实际投喂时根据抽样测重或根据以往养殖的生长记录或者经验，测算和计算出水体中虾的总体重，再根据各种实际情况进行调整，计算出每天所需的适宜投饲量。

（1）**体重**　幼虾代谢旺盛，生长较快，需要较多的营养物质，因此投饲率更高一些。随着虾的生长，生长速度逐渐降低，所需的营养物质也随之减少，因此投饲率可降低一些。一般虾的体重与其饲料消耗成负相关，因此饲料的投饲率也应根据虾体重的增加而相应调整。一般情况下，以5～10天调整1次较为适宜。

（2）**溶解氧** 一般情况下虾在高溶氧量的水体中，摄食旺盛，消化率高，生长较快，饲料效率也高；在低溶氧量的水体中，虾由于生理上不适，摄食和消化率都低，而呼吸活动反而加强，能量消耗较多，因此生长较慢，饲料利用率低。虾的摄食率随水体中溶氧量增加而增加。应经常根据水体溶氧量的高低适当地调整投饲率，如在暴雨天气等溶氧量较低的情况下，要减少投饲量甚至不投饲，这样才能有效地避免饲料浪费和提高饲料效率。

（3）**水温** 虾是变温动物，其体温随水的温度变化而变化，水温的变化会影响到虾新陈代谢的强度，因而也就影响虾的摄食量。小龙虾的最适生长温度范围为25～30℃，在这个范围内摄食较为旺盛，如超出这个范围，则摄食明显降低，甚至不摄食，因此，应根据虾的适温范围和实际情况，适时调整投饲率。

（4）**饲料** 蛋白质是虾生长和维持生命所必需的最主要营养物质，蛋白质含量也是鱼饲料质量的主要标准。蛋白质含量高的饲料可适当减少投饲量，而蛋白质偏低的饲料就应增加投饲量。由于目前虾饲料的蛋白质含量参差不齐，因此，应根据实际的饲料质量再确定投饲量。

具体的投喂量除了根据天气、水温、水质等因素的变化随时调整外，还需要根据生产实践灵活掌握。由于养殖小龙虾是采取捕大留小的方法，养殖者一般难以做到准确掌握小龙虾的存塘量。因此，就难以按生长量来计算饲料的投喂量。实际生产中可采用试差法来掌握饲料投喂量。具体方法是，饲料投喂3小时后检查，如果只剩下少量饲料，说明基本上够吃了；如果饲料剩下不少，说明饲料投喂量过多了，一定要将饲料投喂量减下来；如果看到所投喂的饲料完全没有了，说明投饲量少了，需要增加投喂量。如果开始起捕商品虾，则要适当减少投饲量。

2. 投饲次数和时间

适当的投饲数量确定之后，一天中分几次投喂、何时投喂，同样关系到能否提高饲料效率和加速虾生长的问题。由于虾的消化道短。因此分多次进行投饲有利于饲料的消化和吸收。一般情况下以每天投喂1～2次就可以了。如果投饲的次数过多，容易造成虾长时间处于食欲兴奋状态，使体内能量消耗过多，对生长也不利。小龙虾在日落、黎明前后摄食最为活跃，因此，日落、黎明时投喂为宜。

3. 投饲方式和场所

目前小龙虾饲料的投饲方式主要有机械投饲和人工投饲。机械投饲是应用饲料自动投饲机进行投饲，其特点是适合于现代化和工厂化养殖，人工管理少，投饲均匀，但机械投饲需要投饲设备和供电设施，所以成本较高。人工投饲就是凭人工手撒进行饲料投饲，人工投饲虽然需人工较多，但灵活性较大，并可经常观察虾的摄食情况和生长情况。

小龙虾有沿地或岸边寻食的习性，所以，投饲区以沿地或岸边0.5～1.0米深的区域较妥当，这也有助于清除残余饲料。待虾类长成至6～8厘米长，投饲范围可扩至1.2～1.5米深处，以适应虾摄食习性的变化。小龙虾饲料投饲最好有专用的检查投饲台，便于观察小龙虾摄食情况。饲料台的搭建：可取网片一块，裁成正方形或长方形，尤以长方形为佳，长0.8～1.0米，宽0.4～0.5米，用2根同样长的竹片或钢筋（长度比网片对角线长1/3）交叉，交叉处用绳子固定，把网片四角固定在竹片或钢筋四端，搭成扳罾状。检查时提出水面看饲料在网片上的剩余量。

4. 投饲方法

投饲时应先慢后快，投饲量由少到多，首先吸引虾前来摄食，避免饲料沉入水底散失浪费。投饲时要均匀，多点投饲，以保证多数虾能接食。小龙虾投饲方法主要把握“四定”的原则，即定质、定量、定时、定位。

（1）**定质**　要求营养全面、饲料新鲜。小龙虾在稚虾和虾种阶段时，主要摄食浮游生物及水生昆虫幼体，通过科学施肥培养大量天然饵料生物供其捕食，同时辅以人工投饲。饲养前期，每667米^{2}池塘投喂2千克左右干黄豆浸泡后磨成的浆，即磨即喂，分两次全池泼洒，上午投喂总量的30%左右，傍晚投喂总量的70%左右；另外，加投鱼糜等动物性饵料500克左右，用水搅拌均匀成浆沿池边泼洒，上午投喂总量的30%，傍晚投喂总量的70%。7～10天后，可直接投喂绞碎的新鲜螺肉、蚬肉、蚌肉、鱼肉、动物内脏、蚯蚓或配合饲料，适当搭配一些粉碎后的植物性饲料，如小麦、玉米、豆饼等，动、植物性饲料之比为4∶1，同时加入一定量经粉碎成糊状的植物茎叶进行投喂。待虾苗长至5～6厘米时，可全部投喂轧碎的螺蛳、河蚌及适量的植物性饲料（如麸皮、麦子、饼粕、玉米等）或配合饲料。一般3月初至5月底以投喂动物性饲料为主、植物性饲料为辅；6月初至9月底，小龙虾快速生长阶段，应以投喂麦麸、豆饼以及嫩的青饲料为主，适当辅以动物性饲料或配合饲料。秋季育肥阶段，以投喂动物性饲料，如鱼、螺、蚬、蚌肉或蚯蚓及屠宰场的动物下脚料为主，或配合饲料，充分满足小龙虾生长育肥期对营养的要求。配合饲料要选择有一定规模、技术力量雄厚、售后服务到位、信誉度好、质量稳定、养殖效果佳的饲料厂家生产的专用配合饲料。

（2）**定量** 按天气、水质变化和虾活动摄食情况合理投喂。在连续阴雨天气或水质过浓时，可以少投喂；天气晴好时适当多投喂；大批虾蜕壳时少投喂，蜕壳后多投喂；虾发病季节少投喂，生长正常时多投喂。既要让虾吃饱吃好，又要减少浪费，提高饲料利用率。在同一水域中有幼虾也有成虾，投喂饲料时可以只投喂成虾料，因为池中的残饵、有机碎屑、水草、底栖生物饵料、着生藻类和浮游生物已足以满足幼虾的摄食需要与营养需求。投喂鲜活饵料时，一般是配合饲料的2倍量，具体可根据虾的吃食情况进行调整。

（3）**定时** 小龙虾多在夜里活动觅食，并具有争食、贪食习性，因此投喂饲料要坚持每天上午、下午各投喂1次，以下午投喂为主。04:00—05:00 时，投喂日投饵量的 30%，17:00—18:00 投喂日投饵量的 70%。

（4）**定位**　小龙虾的游泳能力较差，活动范围较小，且具有占地的习性。根据小龙虾的生活习性特点和摄食特点，采用沿池塘堤埂边浅水区和池塘中浅水区呈带状散点投喂，使每只虾都能吃到饲料，避免争食，促进小龙虾均匀生长。

第五节　小龙虾养殖病害防治技术

小龙虾生产消费产业链已颇具规模，但与此同时产业内也出现了不少问题。小龙虾与其他水生动物一样，在实际生产养殖中也容易受到各种不同病原的感染，这些病原包括病毒、细菌、真菌及寄生虫。近年来对小龙虾养殖产业造成极大影响的是白斑综合征病毒病（whit spot syndrome virus，WSSV），其他病原引起的疾病也时有发生。除去这些病原外，小龙虾生长的环境、小龙虾本身的体质，也在病害的发生过程中起着重要的作用。但是由于对小龙虾疾病研究的历史较短，许多相关疾病都没有特效性的药物进行治疗。因此，对待小龙虾的病害应以防为主，防治结合。

一、小龙虾病害综合防控技术

在小龙虾病害暴发后进行治疗的效果是不明显的，代价是昂贵的。在这种情况下，只有推行小龙虾生态养殖模式，从苗种开始就实行科学化管理，才能从根本上将小龙虾从病害中解救出来，将渔民的损失降到最低。小龙虾生态养殖应该从以下几个方面入手。

（1）**养殖地点**　选取以黏土为佳的土质，附近无污染源，要求养殖地点地势平缓。池塘坡比以 1∶3 为宜，水深不低于 30 厘米，也不高于 100 厘米。水质要求未被污染，维持 pH 在 7.0～7.5，水体总碱度不低于 50 毫克/升。池塘内要建好池梗，方便换水。池塘在投放虾苗或亲虾前必须彻底消毒，用 100 毫克/升的高效漂白粉全池泼洒，7 天后排干，再用茶籽饼泼洒，用量 15～20 毫克/升，

7天后用生石灰改良底质。

（2）**亲虾及虾苗**　选择亲虾的标准是体格健壮、腹肢完整、反应灵敏、没有发生过病毒性疾病。放养虾苗时应避免烈日中午曝晒，应选择晴天的早晨或者阴雨天进行，放养前，可以用3%～5%的食盐水浸泡5分钟，离水时间太久的虾苗可以在放养前在水中反复短时浸泡几次，等虾吸饱水后再放入池中。

（3）**水生动物及植物**　在养殖池塘内移植伊乐藻等水生植物，使其占虾池面积的50%～60%，同时在清明节前放入适量螺蛳，起到净化水质的作用。

（4）**饲料**　小龙虾以投喂冰鲜杂鱼或配合饲料为主。苗种放养后每天就要投喂饲料；苗种繁育池要在3月初就开始投喂饲料，提高虾的体质，增强免疫力。严禁投喂未完全煮熟的动物性食料，防止因摄食而感染致病菌。

（5）**工具**　养殖生产中使用的渔具，须在阳光下曝晒进行消毒。木桶、塑料桶类容器，可采用石灰水浸泡处理，以达到预防效果。

（6）**水质调节**　小龙虾养殖塘应每隔2～3周进行1次换水，每次换水量控制在10～20厘米。养殖期间每2～3周泼洒1次底质改良剂或微生物制剂，如枯草杆菌、双歧杆菌、EM菌等。

二、小龙虾主要养殖病害防治技术

（一）病毒性疾病

白斑综合征病毒是迄今为止危害最为严重的一种小龙虾病毒。该病在长江下游地区的发病时间为4—7月，每年给小龙虾养殖业造成巨大经济损失。因此，小龙虾病毒性疾病的研究是近年来小龙虾病害防治的一个重点。在许多实验结果中都可以发现，在小龙虾体内存在多种病毒。在这些病毒中，白斑综合征病毒的传播已对全世界的小龙虾养殖产业产生严重的冲击，造成了巨大的经济损失。该病毒于1992年在我国台湾被发现，并逐步发展到亚洲、美国及欧洲，受侵染养殖品种从最初的各类对虾已到现在的小龙虾及蟹类等 90 种甲壳动物。

近年来，我国大陆的小龙虾养殖产业一直受到白斑综合征病毒病的影响，例如 2008 年江苏的金湖、盱眙、楚州、南京等地相继发生小龙虾白斑病病害，死亡率可高达 52%，受感染的病虾会出现摄食减少甚至不摄食、反应迟钝、步足无力、腹部发白、浮于水面等症状，我国农业部已将此病列为一类动物疫病。

在实际生产中，没有能够有效治疗白斑综合征病毒的药物，因此，防远重于治。在实际生产中应大力推广生态养殖技术，提高虾的免疫力，使其少得病甚至不得病。生态养殖不仅仅能够防治白斑综合征病毒病，同样是预防其他细菌病及寄生虫病的最根本办法。在易发病害期间用 0.2%维生素 C＋1.0%大蒜浆液＋2.0%“强力病毒康”，溶于水后喷洒在配合饲料上拌匀，每天投喂 2～3 次，发病期间连续投喂，并对发病塘口用二氧化氯全池泼洒消毒，同时内服有免疫功能类的中草药，控制白斑综合征病毒的蔓延。

(1) 病原与病症 由白斑综合征病毒引起的感染，感染后小龙虾主要表现为活力低下，附肢无力，应激能力较弱，大多分布于池塘边，体色较暗，部分头胸甲等处有黄白色斑点。解剖可见胃肠道空，一些病虾有黑鳃症状，部分肌肉发红或呈白浊样。养殖池塘中一般大规格虾先死亡，在长江下游地区 7 月中旬停止。

(2) 防治方法

① 做好苗种的检疫和消毒，放养健康、优质的种苗。种苗是小龙虾养殖的物质基础，是发展其健康养殖的关键环节。选择健康、优质的种苗可以从源头上切断白斑综合征病毒的传播链。

② 控制好适宜的放养密度。苗种放养密度过大容易导致虾体互相刺伤，大量的排泄物、残饵和虾壳、浮游生物的尸体等不能及时分解和转化，产生非离子氨、硫化氢等有毒物质，致使小龙虾体质下降，抵抗病害能力减弱。

③ 投足优质适口饲料，减少健康虾摄食病虾的概率，提高池塘虾的抗病力。适时投喂抗生素药饵，早期预防。

④ 改善栖息环境，加强水质管理，移植水生植物，定期清除池底过厚淤泥，勤换水。可以使用适量的微生物制剂如光合细菌、EM 菌等，调节池塘水生态环境。

⑤ 在养殖过程中应认真处理好死亡的病虾，在远离养殖塘处掩埋，杜绝病毒的进一步扩散。

（3）发病后的治疗措施

① 加大优质饲料的投喂，可适当多投喂冰鲜杂鱼。

② 增加成虾捕捞，捕捞地笼的网要大，进入地笼的小龙虾不能再回放到养殖池中。

③ 投喂药物饲料，用配合饲料拌大蒜素，比例为 40∶1，连续投喂 7 天。

④ 同时隔天全池泼洒聚维酮碘，连用 3 次。

⑤ 用药结束 5 天后，使用一次底改剂。

（二）细菌性及真菌性疾病

小龙虾的细菌性疾病种类繁多、流行时间长，但是目前国内对小龙虾细菌性疾病的研究及报道不多，各类相关疾病的病原确诊不明确、多样化，因此将小龙虾的报道较多的细菌性疾病、真菌性疾病作为一个版块介绍。

1. 黑鳃病

黑鳃病在虾和蟹的养殖中均有发生，目前对其致病菌并没有统一的说法，在可查询到的文献中发现，一般认为黑鳃病由真菌感染鳃丝引起，刘青曾指出这种真菌为镰刀菌，也有报道认为是霉菌。陈德寿则指出黑鳃病虾的鳃丝，在显微镜下可观察到大量的弧菌和丝状细菌。虽然对致病菌无法确认，但大部分学者都认为水质污染是导致黑鳃病的直接原因。因此，能引起水质恶化的因素，都会引起虾的黑鳃病，如池底污泥堆积，溶解氧不足，虾投放密度太高，排泄废物量大以及水体内有机物含量太高等。

目前可见的防治方法包括：投种前对池塘进行彻底消毒；利用增氧机增氧，确保养殖池内有充足的溶解氧；用漂白粉或用臭氧复合剂进行全池消毒，不定期施用（与消毒间隔3天）光合细菌及EM菌等微生物制剂，抑制致病菌的数量并降低氨氮及亚硝酸盐的量，在饲料中添加0.2%的维生素C连续投喂。这些手段将有力地控制黑鳃的发生。

治疗方法：结合内服药进行治疗，将30克氟哌酸+5克三甲氧苄胺嘧啶+10%大蒜素50克+适量免疫多糖拌入20千克配合饲料进行投喂，每天2～3次，连续投喂3～5天。

全池泼洒消毒药物，如1.0～1.5毫克/升“万消灵”或者1.2～1.5毫克/升“乐百多”消毒灵溶液，泼洒药物的同时开启增氧机3～5小时。

2. 烂鳃病

烂鳃病的病原菌为丝状真菌，致病菌附着于小龙虾的鳃丝上大量繁殖，阻碍鳃丝的血液流通，妨碍虾的呼吸，严重时虾的鳃丝发黑霉烂，引起虾的死亡。

防治方法：经常换水，保持水质清新，可以使用增氧机或者增氧粉保持水体溶氧量不低于4毫克/升。此外，烂鳃病发生后，每立方米水体用2克的漂白粉全池泼洒，即可起到良好的治疗效果。

3. 甲壳溃烂病

该病的病原为假单胞菌、气单胞菌等具有几丁质分解能力的细菌。感染初期，小龙虾的甲壳零星出现一些颜色较深的斑点，接着从斑点处开始溃烂出现空洞，被破损的甲壳处成为其他致病菌的浸染入口，造成小龙虾被多种致病菌感染，最后造成病虾死亡。

防治方法：捕捞与运输时要轻快，尽量减少虾体损伤。饲料投喂要均匀充足，避免饥饿的小龙虾相互残杀。

发病时用15～20克/米^{3}的茶粕浸泡液进行全池泼洒促进小龙虾蜕壳；每667米^{2}用5～6千克生石灰全池泼洒，或用2～3克/米^{3}的漂白粉进行全池泼洒。

饲料中添加1%的磷酸二氢钙，连续投喂3～5天。或者用0.3克/米^{3}的二溴海因全池泼洒，待3天后用1毫克/米^{3}的硝化细菌全池泼洒。

（三）寄生虫病

1. 纤毛虫病

小龙虾纤毛虫病的常见病原有累枝虫和钟形虫等。纤毛虫附着在成虾或虾苗的体表、附肢和鳃上。发病初期的小龙虾，行动迟缓，应急能力差，发病中期的小龙虾鳃丝上及体表上大量附着病原，妨碍虾的呼吸、活动、摄食和蜕壳，影响其生长。尤其在鳃上大量附着时，影响鳃丝的气体交换，会引起虾体缺氧而窒息死亡。发病后期，鳃成黑色，极度衰竭，最终无力蜕壳，进而导致死亡。

防治方法：维持虾池的环境卫生，经常换新水，保持水质清新。

发病时用3%～5%的盐水浸洗病虾，3～5天为1个疗程，或用25～30毫升/米^{3}的福尔马林溶液浸洗4～6小时，连续2～3次。

2. 聚缩虫病

聚缩虫病的病原为树状缩虫，寄生于虾体表甲壳之上，如头部、腹部及附肢上，也会寄生于鳃丝上。染病后的小龙虾体表会出现一层絮状白色物质，体表积聚大量污物，虾的活力减退，行动迟缓，易沉入水底，不摄食，不排便，更不蜕壳。患病虾多在黎明前死亡。水质状况是引起聚缩虫病的一个重要原因，聚缩虫极易在有机物含量高的水体中繁殖，最高可感染85%的小龙虾。

防治方法：在彻底清塘、经常换水的基础上，可以在养殖池中施用“虾蟹保护剂”，用量为15克/米^3；硫酸铜兑水泼洒，用量为0.25～0.60克/米^3。

定期泼洒“益水宝”等复合型菌液，分解虾池内的有机碎屑，除去聚缩虫的生存空间。在施用“益水宝”3天后，用二溴海因复合消毒剂进行全池泼洒，二溴海因可以杀灭水体藻类，提高水体透明度，减缓聚缩虫繁殖。在此基础上，每隔7天泼洒1次“虾蟹线虫净”。将这3种药物结合施用，可有效控制聚缩虫的发生。

（四）虾中毒症

小龙虾对有机和无机化学物质非常敏感，超限都可发生中毒。

能引起虾中毒的物质统称为毒物，其单位为百万分之几（毫克/升）和十亿分之几（微克/升）。

（1）**病因**　能引起小龙虾中毒的化学物质很多，其来源主要有池中有机物腐烂分解、工业污水排放进入虾池以及农药、化肥和其他药物进入虾池等。

①池中残饵、排泄物、水生植物和动物尸体等，经腐烂、微生物分解会产生大量氨、硫化氢、亚硝酸盐等物质，侵害、破坏鳃组织和血淋巴细胞的功能而引发疾病。如虾池中氨（NH_3）、亚硝酸盐（NO_2^-）含量高时，会出现黑鳃病。亚硝酸盐浓度超过3毫克/升时，可引起虾慢性中毒，鳃变黑。

②工业污水中含有汞、铜、镉、锌、铅、铬等重金属元素，石油和石油制品以及有毒的化学成品，使虾类中毒，生长缓慢，直至死亡。工业污水中的多种有毒物质，在毒性上尚存在一定的累加作用和协同作用，从而增加了对小龙虾的毒害。

③小龙虾对许多杀虫剂农药特别敏感。目前有机氯杀虫剂农药的生产和使用在我国已受到严格控制和禁止使用。但小龙虾对有机磷农药也是极其敏感的，例如敌百虫、敌杀死、马拉硫磷、对硫磷等，是虾类的高毒性农药，除直接杀伤虾体外，也能致使虾肝胰腺发生病变，引起慢性死亡。

（2）**病症**　临床观察可见两类症状：一类是慢性发病，出现呼吸困难、摄食减少以及零星发生死亡，随着疫情发展死亡率增加。这类疾病多数是由池塘内大量有机质腐烂分解引起的中毒。另一类是急性发病，多由于工业污水和有机磷农药等所致，出现大批死亡，尸体上浮或下沉，在清晨池水溶氧量低下时更为明显。尸体剖检，可见鳃丝组织坏死变黑，但鳃丝表面无纤毛虫、丝状菌等有害生物附生，在显微镜下也见不到原虫和细菌、真菌。

（3）**防治措施**　①详细调查虾池周围的水源，如有无工业污水、生活污水、稻田污水及生物污水等混入；检查虾池周围有无新建排污工厂、农场，池水来源改变情况等。②立即将存活虾转移到经清池消毒的新池中去，并采取增氧措施，以减少损失。③清理水源和水环境，根除污染源，或者选择符合标准的地域建新池。④对水域周围排放的污水进行理化和生物监测，经处理后的污水排放标准为：生物耗氧量小于60毫克/升，化学耗氧量低于100毫克/升。⑤新建养殖池必须进行浸泡后再使用，以降低土壤中有害物质含量。

（五）虾类的敌害

1. 鱼害

几乎所有肉食性的鱼类都是小龙虾饲养过程中的敌害，包括乌鳢、鲈、青鱼、鲤等。如虾苗放养后发现有此类鱼活动，则可用2毫克/升的鱼藤精进行杀灭除去。

2. 鸟害

养虾场中危害最大的水鸟要数鸥类和鹭类。由于这些鸟类是保护动物，所以只能采取恫吓的方法驱赶。

3. 其他敌害

水蛇、蛙类、老鼠等动物都吃幼虾和成虾，故要注意预防。

第四章　小龙虾养殖实例和经营案例

一、池塘主养

江苏省泰州市姜堰区沈高镇溱湖龙虾养殖专业合作社，位于江苏省泰州市姜堰区沈高镇，联系人为钱友华。池塘共4只，编号为1号、2号、3号、4号，面积分别为0.73公顷、0.93公顷、1.87公顷和1.33公顷。

1. 池塘处理

池塘是养殖过几年小龙虾的老池，为了防止有小龙虾遗留，在秋末干池后重新灌满水，用氰戊菊酯药物对遗留在池内的小龙虾进行彻底灭杀，1周后抽干，并在水深50厘米左右处增设一道防逃设施。整个冬天不进水，晒池底。进水前每667米^{2}施腐熟有机肥200千克左右及部分复合肥，用旋耕机进行旋耕。春节过后进水，种（移）植水生植物，水生植物品种有伊乐藻和轮叶黑藻。

2. 苗种放养

虾蟹苗种来源于本场专用繁育池，鲢、鳙苗种外购。鲢、鳙、中华绒螯蟹苗种于3月放养，小龙虾苗种在4月放养，放养规格平均分别是鲢或鳙10尾/千克、中华绒螯蟹160尾/千克、小龙虾380尾/千克。具体每667米^{2}放养情况见表4-1。

表4-1　钱友华池塘放养情况

池号		1	2	3	4
小龙虾	重量（千克）	15.9	15.9	15.2	16.0
	数量（尾）	6 042	6 042	5 776	6 080

（续）

池号		1	2	3	4
中华绒螯蟹	重量（千克）	1	1	1	1
	数量（尾）	160	160	160	160
鲢或鳙	重量（千克）	4	4	4	4
	数量（尾）	40	40	40	40

3. 饲养管理

（1）饲料投喂 投喂的饲料品种是玉米、小杂鱼、全价颗粒料，喂养方法是每天 2 次，06:00—07:00 喂日投料量的 30%，17:00—18:00 喂日投料量的 70%，采取多点食台投喂结合撒喂，每次投喂量以 3 小时内吃完为准，并根据水温、天气、水质、摄食情况及时进行调整。在投喂商品料的同时，注重水草的投喂，力保池中水草量的丰富。

（2）日常管理 每天坚持多次巡塘，检查防逃设施，发现破损要及时修补，发现逃逸，及时找出原因；观察虾的活动、摄食、生长情况，及时清除残饵；发现生病立即隔离，准确诊断，及时治疗。

（3）水质控制 定期对水质进行监测，定期加水、换水，每隔 10 天加、换水 1 次，每次 20 厘米左右，遇特殊情况随时加水、换水；每个月使用 1 次微生物制剂，改善水质；晴好天气坚持每天中午开微孔增氧 3 小时左右。

4. 疾病预防

每 20 天用 1 次生石灰或二氧化氯对水体进行消毒，用量参照渔药使用说明书的用量增加 10%，也就是适当重一点，连续用 2 天；每 20 天投喂 1 次药饵（自己配制），每次连续投喂 5 天。

5. 捕捞上市

5 月 30 日开始捕捞上市。由于池中套有中华绒螯蟹，使用普通地笼捕捞会对中华绒螯蟹造成伤害，因此，捕捞过程中使用的地笼比较特殊，是专利产品，只捕捞小龙虾，而中华绒螯蟹可以自由出入，不会对中华绒螯蟹造成伤害。整个捕捞工作在 8 月底结束。

6. 收获

收获情况详见表 4－2 至表 4－5。

表 4－2　钱友华池塘产量情况

池号		1	2	3	4
小龙虾	总产量（千克）	2 150	2 590	5 046	3 568
	每 667 米^2 平均产量（千克）	195.5	185.0	180.2	178.4
	规格（克/尾）	62.3	62.0	61.6	62.5
中华绒螯蟹	总产量（千克）	175	270	518	350
	每 667 米^2 平均产量（千克）	15.9	19.3	18.5	17.5
	规格（克/尾）	162.2	164.3	163.9	161.6
鲢或鳙	总产量（千克）	926.2	1 149.4	2 422	1 656
	每 667 米^2 平均产量（千克）	84.2	82.1	86.5	82.8
	规格（克/尾）	2 105	2 160	2 218	2 070

表 4－3　钱友华池塘产值情况

单位：元

池号	1	2	3	4
小龙虾	92 400	113 960	222 376	156 640
中华绒螯蟹	14 200	21 630	41 420	28 120
鲢或鳙	5 557.2	6 896.4	14 532.0	9 936.0
合计产值	112 157.2	142 486.4	278 328.0	194 696.0
每 667 米^2 平均产值	10 196.1	10 177.6	9 940.3	9 734.8

表 4-4　钱友华池塘支出情况

单位：元

池号	1	2	3	4
苗种	7 070	9 039	17 316	12 823
饲料	17 520	23 450	45 310	31 480
药物	1 300	1 700	3 100	2 300
水电	1 600	1 900	3 500	2 600
折旧	11 000	14 000	28 000	20 000
其他	1 800	1 500	3 000	1 900
合计支出	40 290	51 589	100 226	71 103
每 667 米^2 平均支出	3 662.7	3 684.9	3 579.5	3 555.2

表 4-5　钱友华池塘利润情况

单位：元

池号	1	2	3	4
总产值	112 157.2	142 486.4	278 328.0	194 696 .0
总成本	40 290	51 589	100 226	71 103
总利润	71 867.2	90 897.4	178 102.0	123 593 .0
每 667 米^2 平均利润	6 533.4	6 492.7	6 360.8	6 179.7

二、池塘混养

(一) 江苏省金湖县前锋镇淮武村韦爱良龙虾养殖场

养殖场位于江苏省金湖县前锋镇淮武村，养殖户为韦爱良。池塘为土池，面积为 4 公顷，池埂坡比为 1∶3，池埂四周栽有高大的意杨树，进、排水方便，有浅水区和深水区（池中“井”字形沟），浅水区水深达 100 厘米，深水区可达 150 厘米以上，有独立的进、排水口，有完善的防逃设施，池埂的坡面上铺设有聚乙烯网布，以防小龙虾掘穴，有利于提高回捕率。池塘架设有气管为条状的微孔增氧设施。

1. 池塘处理

池塘曾经养殖过几年小龙虾，中间间隔1年没养虾，改做鱼类养殖，为了防止有小龙虾遗留，在秋末干池后重新灌满水，用氰戊菊酯药物对遗留在池内的小龙虾进行彻底灭杀，整个冬天不进水，晒池底，春节过后进水，种（移）植水生植物，品种有伊乐藻、浮萍、芦苇、香蒲、轮叶黑藻等，苗种放养前10天施基肥，每667米^{2}施腐熟有机肥200千克左右及部分复合肥。

2. 苗种放养

苗种来源于本场专用繁育池，平均规格240尾/千克；放养密度为每667米^2 26千克，折合6 240尾，放养时间在4月上旬，1周内放足。每667米^2 搭配规格150～200克的鲢50尾、鳙10尾；后期每667米^2 放规格10厘米左右的鳜20尾。

3. 饲养管理

（1）**饲料投喂**　投喂的饲料品种前期是菜饼、玉米、麸皮、小杂鱼；中后期全部采用全价颗粒料，喂养方法是每天两次，06:00—07:00喂日投料量的30%，17:00—18:00喂日投料量的70%，采取多点食台投喂结合撒喂，每次喂量以3小时内吃完为准，并根据水温、天气、水质、摄食情况及时进行调整。在投喂商品料的同时，注重水草的投喂，确保池中水草量的丰富。

（2）**日常管理**　每天坚持多次巡塘，检查防逃设施，发现破损要及时修补，发现逃逸，及时找出原因；观察虾的活动、摄食、生长情况，及时清除残饵；发现生病立即隔离，准确诊断，及时治疗。

（3）**水质控制**　定期对水质进行监测，定期加水、换水，每隔10天加、换水1次，每次20厘米左右，遇特殊情况随时加水、换水；每个月使用1次微生物制剂，改善水质；晴好天气坚持每天中午开微孔增氧4小时左右。

（4）**敌害防治**　小龙虾养殖过程中主要敌害有鸟类及老鼠，对鸟类采取人工驱赶的办法，对老鼠采用药物灭杀的办法。

（5）**疾病预防** 每20天用1次生石灰或二氧化氯对水体进行消毒，用量参照鱼类养殖使用标准增加20%，连续用2天；每20天投喂1次药饵（自己配制），每次连续投喂5天。

4. 捕捞上市

5月30日开始捕捞上市，整个捕捞工作在9月20日结束。收获情况见表4-6。

表4-6 韦爱良池塘收获情况

品种	总产量（千克）	每667米^{2}平均产量（千克）	平均规格（克/尾）	回捕率（%）
小龙虾	13 547	225.8	43.5	83.2
鲢	4 524	75.4	1 571.0	96.0
鳙	1 518	25.3	2 811.0	90.0
鳜	906	15.1	657.0	76.7

效益情况见表4-7至表4-9。

表4-7 韦爱良池塘总支出情况

项目	塘租	苗种	饲料	电费	药品费	其他	合计
支出（元）	18 000	45 800	63 890	7 200	2 000	3 000	139 890

注：虾苗价格按当时市场价20元/千克计。

折合每667米^{2}支出2 332元（不包含人工费用支出）。

表4-8 韦爱良池塘总收入情况

品种	产量（千克）	价格（元/千克）	收入（元）
小龙虾	13 547	32.0	433 504
鲢	4 524	4.4	19 906
鳙	1 518	8.0	12 144
鳜	906	46.0	41 676
合计	20 495		507 230

折合每667米^{2}收入8 454元，其中小龙虾每667米^{2}收入为7 225元。

表4-9 韦爱良池塘效益情况

总收入（元）	总支出（元）	总效益（元）	每667米^{2}平均效益（元）
507 230	139 890	367 340	6 122

5. 小结与分析

小龙虾可以进行池塘模式化养殖。模式化养殖采用苗种专池培育，商品虾养殖采取准确计数下池，使得养殖户对存塘量能做到相对准确的估算，有利于科学的投饲和饲养管理；有利于提高饲料的利用率，降低养殖成本，提高养殖效益。

小龙虾池塘模式化养殖与传统的池塘养殖模式相比，效益会得到显著提高，传统池塘养殖模式效益一般在每667米^2 2 000元左右，而模式池塘养殖效益可达每667米^2 6 000元以上，唯一不足之处是成本投入相对较大。

在小龙虾模式化养殖池塘中套养鲢、鳙、鳜是可行的，既可以调节水质，控制野杂鱼类，也有利于提高养殖整体效益。在隐蔽物相对充分的情况下，鳜对小龙虾的伤害并不会太大，要注意的是套养鳜的放养时间相比单养鳜的放养时间要适当推迟。

沿池埂的坡面铺设聚乙烯网布，既能有效地防止小龙虾打洞，减少小龙虾对池塘堤埂的破坏，又便于饲养管理、集中捕捞上市，更能显著提高回捕率。

由于受地域条件的限制，商品虾的平均价格不是太高，在32元/千克左右，但若是能达到江苏省其他销售市场（如盱眙县、泰州市等地）相对较好的地区价格，在40元/千克或以上，那模式化池塘养殖小龙虾每667米^{2}的利润就能突破8 000元，甚至更高。

（二）江苏省淮安市淮安区进华水产品专业合作社

合作社位于江苏省淮安市淮安区范集镇，联系人为唐进华。

1. 池塘条件

养殖水面3.33公顷，原作为螃蟹养殖池使用，池中有2.0米×0.7米的环沟和纵横沟，将池分成浅水区和深水区，池埂坡比为2∶1，每池均有完善的防逃设施。池底水生植物品种十分丰富，主要有苦草、伊乐藻、马来眼子菜、芦苇、菖蒲、茭白、水花生等。

2. 种苗放养

混养池塘主要放养小龙虾、河蟹、鲢、鳙、鳜等。具体放养时间与密度见表4-10。

表4-10 唐进华混养池塘种苗放养情况

放养时间	品种	放养规格	总放养数量	每667米^{2}平均放养数量
2012年9月	小龙虾	28尾/千克	600千克	12千克
2013年3月	河蟹	120～200只/千克	56 000只	1 120只
2013年4月	鲢、鳙	8尾/千克	1 000尾	20尾
2013年5月	鳜	5～7厘米	900尾	18尾

3. 饲料投喂情况

饲料投喂主要分为3个阶段，第一阶段主要是螺蛳、1号配合饲料、2号配合饲料、破碎饲料。

在放养初期，在做好水草、螺蛳等基础饵料培养的基础上，投喂河蟹1号和2号河蟹饲料。小龙虾可摄食河蟹残饵、浮游生物等，其他搭配鱼也无需特别投喂饲料。从节约饲料成本出发，按河蟹不同生长阶段对营养需求组合饲料。做到“两头精，中间青，荤素搭配，青精结合”。一般4月初水温转暖，放养初期以螺蛳和配合饲料为主，使河蟹尽快适应池塘环境；中期以植物性饲料为主，搭配动物性饵料；后期为河蟹最后增重育肥阶段，以蛋白质含量高的配合饲料为主，搭配青饲料，增加蟹虾蜕壳次数，增加规格和产量。在河蟹大批量蜕壳时要及时增喂优质饵料。

蟹种刚下塘时，每天投喂3～4次。6月开始，每天投喂2次，早晚各1次，以傍晚为主，占全天投喂量的70%，日投喂量为河蟹体重的8%～10%。视具体情况及时调整投喂量，以2～3小时吃完为宜。在岸边和浅滩区尽可能多设投喂点，投喂应均匀一些，确保吃饱吃好，均衡生长。在饵料不足情况下，小龙虾抢食能力明显强于河蟹，直接影响河蟹的成活率、上市规格和产量。

4. 水质调节

整个秋季水位保持中等，浅水区水深在0.5米左右，随着螃蟹捕捞结束后，1周内分3次进行降水，第一次露出浅水区；第二次深水区留0.4米左右的水位；第三次深水区只留0.05～0.10米的水位，基本处于干池状态，迫使小龙虾早日进穴越冬。冬季基本如此。春天一次性加水至所有的小龙虾洞穴口被淹没，迫使小龙虾同步出穴繁育子代。夏季气温高，水位适当加深，浅水区水位控制在0.7米以上。正常养殖季节每周加水1次，每次加水量视池塘水色情况，一般注水20～30厘米，每15天换水1次。高温季节5～7天换水1次，边排老水边注新水，保持池塘水位相对稳定，切忌忽高忽低，水位经常变化。每半个月每平方米（水深以1米计）池塘用生石灰10～15千克兑水全池泼洒，调节pH在7.5～8.5，既能增加水体钙离子浓度，促进蟹虾蜕壳生长，又能杀死病原。并配合使用微生物制剂，使池水透明度在30～40厘米，保持水质“肥、活、嫩、爽”。

5. 捕捞

从4月底开始，达到上市规格小龙虾及时捕捞上市，捕大留小，以充分利用水体空间，同时减少小龙虾对河蟹生长产生的影响，提高产量。河蟹于9月中旬后陆续捕捞上市。具体情况见表4-11至表4-14。

表4-11　唐进华混养池塘收获情况

品种	收获总量（千克）	平均每667米^{2}产量（千克）
小龙虾	2 820	56.4
河蟹	3 410	68.2
鳜	1 350	27.0
鲢、鳙	1 610	32.2

表 4-12 唐进华混养池塘收入情况

品种	均价（元/千克）	收入（元）
小龙虾	37.4	105 468
河蟹	80.0	272 800
鳜	44.0	59 400
鲢、鳙	6.0	9 660
合计		447 328

表 4-13 唐进华混养池塘成本支出情况

支出项目	单价	数量	总价（万元）
蟹种	50（元/千克）	400 千克	2.00
小龙虾	30（元/千克）	600 千克	1.80
鳜	1 元/尾	900 尾	0.09
鲢、鳙的鱼种	8（元/千克）	125 千克	0.10
螺蛳	2（元/千克）	5 000 千克	1.00
配合饲料			16.87
水电			0.50
药物			0.50
防逃设施折旧			0.25
土地租赁费用			1.60
人工			0.60
其他			0.20
合计			25.51

表 4-14 唐进华混养池塘效益情况

单位：元

总收入	总支出	总效益	每 667 $米^2$ 平均效益
44 730	255 100	192 220	6 122

6. 讨论

小龙虾与螃蟹混养是可行的，并且在其中还可以适当搭配一些鱼类，效益相当显著。

通过水位的控制基本可以促使小龙虾产卵趋于同步，子代规格相对较为整齐，有利于养殖管理。同时，有利于统一提前出池上市，不至于影响螃蟹的生长。

小龙虾与河蟹都属于偏好肉食性的杂食性动物，营底栖穴居生活，善于爬行。它们的生长主要依靠蜕壳后体形和体重的剧增，蜕壳间期主要是积累营养，体形和体重增加缓慢。因此，蜕壳是小龙虾和河蟹生长的关键时期。同时小龙虾和河蟹蜕壳后的一段时间内，甲壳很软，几乎无行动能力。平均水温 20 ℃时，小龙虾在蜕壳 6 小时后，甲壳才逐渐变硬，恢复弹跳能力，需经 24 小时才能基本变硬。在这段时间内，如果遭受同类或者河蟹攻击，将造成死亡，河蟹也是如此。小龙虾蜕壳周期是极其不同步的，人为难以预测，但是河蟹蜕壳周期基本同步，可以人为预测，因此，在河蟹的蜕壳期间，应加大饲料的投喂量和投喂次数，特别是动物性饲料，保证处于蜕壳间期的小龙虾和河蟹具有较为充足的饵料，减少蚕食蜕壳个体的概率，提高成活率。

近几年，河蟹养殖由于市场蟹价走低、饲料价格上涨、病害严重等因素，养殖成本不断增加，经济效益不断下降。而小龙虾由于其味道鲜美，营养丰富，受到广大消费者的青睐，并且大量出口欧美，市场呈供不应求状态，价格节节攀升。同时池塘河蟹养殖属于单一物种的养殖，养殖风险相对较大，单位产量成本相对较高。小龙虾与河蟹混养结合了池塘生态学特性，可有效利用池塘水体空间，提高池塘养殖综合效益，促进池塘虾蟹养殖的持续健康发展。

三、稻田养殖

（一）江苏省金湖县银集镇复连行政村

养殖地点临近高邮湖，联系人为张荣桂。

1. 稻田状况

稻田面积0.88公顷（原来是养蟹稻田），田四周埂的坡比为1∶2，沿田四周挖有4米宽、1.2米深的环沟，田中间有1米宽、1米深的“十”字形支沟，将每块田分成4小块，四角各有一个1.5米深、面积4米^{2}的鱼溜，田埂四周有丰富的水草和旱草，埂上栽有玉米与黄豆等高秆植物，进、排水方便，有独立的进、排水口，建有完善的防逃设施。池中水生植物十分丰富，品种有伊乐藻、金鱼藻、马来眼子菜、菹草、大叶萍、小浮萍、芦苇、蒲等。

在10月下旬用生石灰消毒、清野，1周后排放池水，留10厘米左右水位过冬，春季种植、移植水草及投放活螺蛳，种植水稻（水稻品种为杂交稻），同时进行小龙虾的养殖。

2. 苗种放养

放养的小龙虾苗种来源于第一年的留存，每667米^{2}留规格28尾/千克左右的成熟亲本15千克左右；每667米^{2}混养中华绒螯蟹扣蟹50只，规格为120只/千克。

3. 环境营造

在沟中（包括环沟与支沟）应种植、移植水生植物，品种有伊乐藻、金鱼藻、马来眼子菜、苴藻、大叶萍、小浮萍、芦苇、茭白等，覆盖率应占到总沟面积的2/3；每667米^{2}稻田投放活螺蛳10千克；池埂上种植高秆农作物。

4. 饲料投喂

投喂的饲料品种有小麦、麸皮、小杂鱼等，喂养方法是每天2次，06:00—07:00喂日投料量的30%，17:00—18:00喂日投料量的70%，采取定点（多点）食台投喂，每次投喂量以3小时内吃完为准，并根据水温、天气、水质、摄食情况及时进行调整。在投喂商品料的同时，注重水草的投喂，确保池中水草量的丰富。

5. 生产管理

坚持巡塘，每天坚持多次巡塘，检查防逃设施，发现破损及时修补，发现逃逸，及时找出原因；观察虾的活动、摄食、生长情况，及时清除残饵；发现生病立即隔离，准确诊断，及时治疗。

6. 水质控制

定期加水、换水，每隔10～15天加换水1次，每次20厘米左右，遇特殊情况随时加水、换水。定期对水质进行监测，监测内容包括水温、透明度、pH、溶解氧、氨氮、总氮、COD、总磷等。

7. 清野

清野指定期清除野杂鱼。清野时把清塘药物（“清塘2008”）喷洒在颗粒料上，阴干后投喂，每次连续投喂3天。药物的用量是每20千克颗粒料使用1瓶（100毫升容量）。

8. 敌害防治

小龙虾养殖过程中主要敌害有鸟类及老鼠，对鸟类采取人工驱赶的办法，对老鼠采用药物灭杀的办法。

9. 疾病预防

每20天用1次二氧化氯对水体进行消毒，用量参照鱼类养殖使用标准；每20天投喂1次药饵，每次连续投喂5天（药物饵料均为自己配制生产）。水稻本身抗病力强，同时也是连片养殖区，加之采用提前栽插的方法，病害较少，为了防止农药对小龙虾产生危害，整个养殖过程中对水稻病害只进行了两次降水，使用了高效、低毒的必需药物。

10. 捕捞上市

捕捞工作从3月初开始至10初就结束，用地笼坚持每天起捕，捕大留小。

11. 效益情况

全年投喂商品颗粒饲料500千克、小麦5 675千克、小杂鱼400千克，另投喂水草2 000千克和活螺蛳200千克。

全年销售商品小龙虾1 738.5千克，平均每667米^{2}产量为131.7千克，虾总收入32 970元；商品蟹67千克，平均每667米^2

产量为5千克，总收入4 020元；总产水稻6706千克，平均每667米²产量为508千克，具体见表4-15和表4-16。

表4-15 张荣桂稻田养殖小龙虾总成本情况

品种	小麦	颗粒饲料	小杂鱼	药品	合计
数量（千克）	5 675	500	400		
价值（元）	9 070	1 600	800	150	11 620

注：水草、螺蛳系自己捞取，未计入成本。

表4-16 张荣桂稻田养殖小龙虾效益情况

单位：元

总收入	总支出	总效益	每667米²平均效益
32 970	11 620	21 350	1 617.4

12. 小结与讨论

结果表明小龙虾是可以进行稻田养殖的，每667米²产虾100千克以上、稻450千克以上是可以达到的，甚至会更高。在不影响稻田生产的情况下，每667米²可增效益1 500元以上，经济效益十分显著。

在养殖过程中发现小龙虾能很好地利用水草，起到为水稻除草的作用，同时水稻的存在又为小龙虾增加了隐蔽的场所，两者有互补的关系。

提前投放活螺蛳十分必要。螺蛳可以起到净化水质、优化养殖水环境的作用，同时，早放的螺蛳过清明后会大量繁殖，而此时小龙虾食欲逐步趋向旺盛，大量的小螺蛳正好满足小龙虾摄食需求，既节约成本，又提高了小龙虾的品质。

进行稻田养殖小龙虾时，对水稻品种的选择很重要。小龙虾对农药十分敏感，因此选择水稻的品种必须是抗病力很强的品种，如杂交稻，而不宜选易生病害的品种。在整个养殖过程一旦水稻生病，要注意正确使用农药。

（二）湖北省鄂州市泽林镇万亩湖小龙虾养殖专业合作社

湖北省鄂州市泽林镇万亩湖小龙虾专业合作社经过多年努力，在湖北省和鄂州市两级水产科技人员的支持下，探索出小龙虾稻田生态繁育新模式，得到湖北省农业、水产主管部门以及水产业内专家的一致认可，形成全国首个小龙虾生态繁育地方标准《小龙虾稻田生态繁育技术规范》，推动了稻田种植业与水产养殖业有机结合，开辟了农民增收致富的新途径。

该合作社所在地万亩湖农场原有水面 400 公顷、稻田 266.67 公顷，曾因地势低洼，十年九涝，每 667 米^2 收入不到 300 元，最后甚至出现了田地抛荒的现象。2006 年 3 月，鄂州市鄂城区农业局组织农民到潜江市学习小龙虾养殖技术，农场党支部通过学习借鉴，引导、支持并鼓励党员带头示范，大胆创新。2010 年，万亩湖农场党支部党员余国清、高彭保探索出的小龙虾稻田生态繁育技术模式在全场推广，并由余国清牵头，将 20 家养殖户联合起来成立了万亩湖小龙虾养殖专业合作社，同时邀请湖北省、鄂州市的水产专家提供技术保障。该合作社主要采取订单供货的方式，定向组织生产，经营管理实行“六统一”，即统一技术规范、统一生产规划、统一产品销售、统一财务管理、统一投入品配送、统一质量标准，基本实现了养殖模式生态化，产品销售批量化，经营管理组织化。据统计，自合作社开展稻虾综合种养示范以来，养殖户年平均收入增幅达 10%～15%，是单纯粮食种植收入的 3 倍以上。截至 2014 年，万亩湖农场 330 户农户全部采用了小龙虾稻田生态繁育技术模式，种养面积是合作社成立之初的 6 倍以上，达到 733.33 公顷，其中合作社核心区面积达 266.67 公顷。

2013 年 7 月，在湖北省农业厅组织的专家验收会上，小龙虾稻田生态繁育技术作为集成技术的核心部分之一，受到与会评审专家的一致肯定，湖北省科技厅的查新报告也对这项技术的新颖性和创造性给予了证实。

2014 年，该合作社出售大规格虾苗 1 亿尾（产量为 20 万千克），成虾产量达10万千克。虾苗产品除供应潜江、天门、仙桃、黄石、黄冈、武汉等成虾主产地外，还远销湖南、安徽等地。由于虾苗成活率高、色泽光亮、活动力强，全国各地种养大户纷纷慕名而来，对稻虾种养技术进行考察学习。中国科学院曹文宣院士表示，鄂州市已成为全国主要的小龙虾种苗生态繁育基地。

小龙虾稻田生态繁育技术模式，充分利用了稻田自然资源，创造适合虾苗自然繁殖和生长的最佳条件，并采用科学的生产经营管理模式。在种植一季中稻的同时，可出产虾苗、成虾、亲虾3类虾，并以虾苗为主，将虾苗、成虾和稻谷的生产与经营有机结合起来，经济效益、生态效益、社会效益显著。

目前，万亩湖虾稻共生养殖的合作社核心区面积达266.67公顷，每667米^{2}平均产虾120千克（其中大规格虾苗为75千克左右），产值为2 670元；稻谷平均每667米^{2}产量达650千克，产值为1 690元；每667米^{2}扣除成本1 010元，纯利3 350元，比单纯种稻增加2 670元以上，社员每户平均纯利润为33.5万元。此外，466.67公顷的辐射区，平均每667米^{2}产小龙虾40千克、稻谷650千克，产值为2 160元，每667米^{2}利润为1 150元左右，每户平均纯收入9.2万元。

小龙虾稻田生态繁育模式对生态修复起到了明显作用：①通过虾沟水渠改造、植被栽植修复以及农药、化肥用量减少，对生态环境起到了很好的保护作用。②普遍采用太阳能生物诱虫技术，在为小龙虾提供了部分饵料来源的同时，有效防治了稻飞虱等病虫害的发生，使水稻每667米^{2}产量提高50～75千克。③通过完善稻田工程，便于晒田和蓄水，使抗旱排涝有了保障，晒田又为小龙虾的生长繁殖提供了有利条件。④稻草还田，使大量有机质转换为小龙虾饵料，增加了小龙虾产量，同时彻底改变了过去焚烧秸秆的传统习惯，保护了环境。

该合作社小龙虾稻田生态繁育模式的推广，为当地农民探索出了增收致富的可靠途径，成为当地推行生态农业、推广稳粮增收模式的典范，也为湖北省虾稻共生生态养殖提供了范例。该合作社小龙虾苗种产量集约化程度高，销售批量大、品质优良，深受养殖户青睐，万亩湖地区已成为湖北省名副其实的小龙虾苗种生产基地和苗种交易市场。

（三）湖北省潜江市“虾稻共作”种养实例

魏承林为潜江市龙湾镇黄桥村六组人，凭着自己聪明的头脑和勤劳的双手，靠养小龙虾发家致富，成为潜江市及周边县市闻名的“养虾王”。

2004 年，魏成林目睹了潜江小龙虾加工企业的兴旺，见证了“油焖大虾”的火爆，头脑机灵的他感到发家致富的机会来了：市场需求大，养小龙虾肯定能赚钱！他瞄准了机会，说干就干，2004 年用自家的 0.67 公顷稻田做试验，开展虾稻共作，每 667 米^2 平均增收 2 000 多元。尝到了养虾的甜头，他一发而不可收，越干越有经验，也越干越大。2013 年，他的虾稻共作已发展到 13.33 公顷，2014 年经精心饲养，小龙虾产量达 3.5 万千克，产值 84 万元，虾苗产量达 3 000 千克，产值 8.4 万元。总产值 92.4 万元，总投入 47.6 万元，获纯利 44.8 万元，每 667 米^2 平均纯利 2 240 元。水稻每 667 米^2 产量 610 千克，合同价为 3.2 元/千克，每 667 米^2 产值 1 952元，虾稻比普通稻价格也高 0.8 元/千克，水稻每 667 米^2 新增利润 488 元。与单种水稻相比，每 667 米^2 新增利润2 728元。投入产出情况见表 4－17。

表 4－17　魏承林虾稻共作养殖稻田的放养与收获情况

养殖品种	投放时间	投放规格（尾/千克）	投放数量（千克）	收获时间	收获规格	产量（千克）	产值（万元）
小龙虾	2013 年 4 月	200	7 000	2014 年 4 月	200 尾/千克虾苗	3 000	8.4
				2014 年 5—7 月	30 克/尾成虾	35 000	84.0

注：其他生产投入情况为苗种费 19.6 万元，饲料费 20 万元，渔药和水电等 8 万元；年总投入 47.6 万元，年收入 92.4 万元。

该模式主要技术要点：虾稻共作是一种生态种养模式，将适合养虾的稻田按标准进行改造，开挖围沟，沟宽3～4米，沟深1.0～1.5米（围沟面积占稻田面积的8%～10%），设进、排水和防逃设施；种植水草；新改造的稻田在7—9月每667米^{2}投放种虾25千克或4—5月每667米^{2}投放幼虾1万尾左右。翌年4月中旬开始第一次捕捞，5月底结束，8月上旬开始第二次捕捞，9月底结束。虾稻共作，实现了一田两季、一季双收、一水两用、一举多赢、高产高效的目的，提高了产品质量，保障了生态和谐稳定。

该模式的经验和体会如下：①种植好水草。虾多少看水草，水草供小龙虾栖息和食用，同时还有调节水质的作用，一定要搞好水草的种植和管理。②消毒除敌害。水稻收获后，一定要消毒，清除黄鳝、黑鱼等小龙虾的敌害。③控制好水位。根据季节调节水位。④饲料投喂。水温达到15℃时，就要开始投饲，4—5月水温升高后是小龙虾生长的关键时期，要加强投食管理，保证喂饱喂足。⑤合理施肥。3月前施有机肥培肥水质，一是可预防青苔，二是培育浮游生物供虾苗食用，4月后一定要保持水质清新。⑥适时上市。根据小龙虾生长情况和市场需求，择机上市。

四、圩滩地养殖

小龙虾养殖场位于江苏省宝应县射阳湖镇平江村，联系人为沈文平。

1. 池塘条件

池塘为一片圩滩地，水源充足，水质良好，水位稳定，有方便的进、排水系统，水位极易控制，水面积为198.67公顷，是一个兴修水利时代留下的不规则的低洼大水面。池底高低不平，有浅水区和深水区，最深可达3.0米，最浅处1.2米，有丰富的水生植物资源，挺水植物、浮水植物、沉水植物三者皆有，同时还具有十分丰富的底栖贝类生物；池中有沟渠和露出水面的土堆，土堆上旱草及灌木生长茂盛；池埂四周高大，有抵御洪水的能力，池埂上同样有茂盛的植物和高大的意杨树。此池原作为螃蟹养殖使用，池四周有完善的防逃设施。

2. 池塘清整

螃蟹全部上市后，利用冬闲季节抽干池水（低洼的地方仍有少量的水）对池塘进行清整，同时使用药物进行清野、消毒，种植和移植一些水生植物（如茭白、芦苇等）。

3. 小龙虾苗种放养

由于该池以前进行的是螃蟹养殖，小龙虾自然资源十分丰富，因此放养的小龙虾苗种来源于原池留存亲本，规格为 25 尾/千克左右，每 667 米^2 平均留存量以地笼捕不到为止，预计为 10 千克左右。

4. 天然饵料的准备

开春后及时灌水，种植和移植大量的水生植物，品种有伊乐藻、马来眼子菜、苦草、菹草、金鱼藻、水葫芦、水花生、小浮萍、慈姑、芦苇、茭白等，水草面积占总面积的 1/3 以上。同时，每 667 米^2 放养鲜活螺蛳 100 千克左右，一方面可以作为小龙虾与螃蟹的饵料，另一方面也可起到净化水质的作用。

5. 其他品种的放养

螃蟹放养的是扣蟹，规格为 200 只/千克，每 667 米^2 放养量为 300 只；鲢、鳙每 667 米^2 总放养量 20 尾，鲢规格 100 克/尾，鳙 150 克/尾；鳜每 667 米^2 放养量 10 尾，规格 8～10 厘米。每个品种均是一次放足。

6. 饲料投喂

圩滩地养殖小龙虾大多采用粗养的方法，利用天然饵料养殖，为了提高养殖效果和养殖效益，该案例中采用了利用天然饵料和投喂商品料相结合的方法。投喂的饲料品种有小麦、玉米、麸皮、小杂鱼、全价颗粒料（自己配方，自己生产）等。喂养方法是每天两次，07:00—08:00 喂日投饲量的 30%，饲料投喂在水草茂盛处，17:00—18:00 喂日投饲量的 70%，饲料投喂在浅水处。采取定点食台投喂，每次喂量以 2 小时内吃完为准，并根据水温、天气、水质、摄食情况及时进行调整，在投喂商品料的同时，注重水草的投喂，确保池中水草量的丰富。

7. 生产管理

每天坚持多次巡塘，检查防逃设施，发现破损要及时修补，发现逃逸，及时找出原因；观察虾的活动、摄食、生长情况，及时清除残饵，发现死虾或死蟹立即清除，并搞清楚死亡原因；发现生病立即隔离，准确诊断，及时治疗。

8. 水质控制

定期加水、换水，每隔 15 天加换水 1 次，每次 20 厘米左右，遇特殊情况随时加水、换水；定期泼洒生石灰水进行消毒和水质调控；定期使用光合细菌、EM 菌等微生物制剂进行水质改良；定期对水质进行监测，监测内容包括水温、透明度、pH、溶解氧、氨氮、总氮、化学耗氧量、总磷等。

9. 敌害防治

小龙虾和螃蟹养殖过程中主要敌害有鸟类及老鼠，对鸟类采取人工驱赶的办法，对老鼠采用药物灭杀的办法。

10. 疾病预防

每 20 天用 1 次二氧化氯对水体进行消毒，用量参照鱼类养殖使用标准；每 20 天投喂 1 次药饵（自己研制生产），每次连续投喂 5 天。整个养殖周期没有发现疾病。

11. 捕捞上市

小龙虾在饵料丰富、水质良好、栖息水草多的环境内生长十分迅速，一旦发现有达到商品规格的虾就进行捕捞，用地笼进行捕捞，捕大留小。秋天捕捞时，有意识地留足了翌年生产所需的种虾（亲本），捕捞过程中发现有抱卵虾就单独进行养殖，让其孵化，产苗。

12. 结果

全年销售商品小龙虾 15.05 万千克，平均规格 26.9 尾/千克，平均每 667 $米^2$ 产量为 50.5 千克；销售螃蟹 4.8 万千克，平均规格 135 克/只，平均每 667 $米^2$ 产量为 16.1 千克；销售鳜 1.9 万千克，平均规格 1 000 克/尾，平均每 667 $米^2$ 产量为 6.4 千克；销售鲢、鳙 7.5 万千克，平均每 667 $米^2$ 产量为 25.2 千克。年产经济效益

362.7万元，每667米^{2}平均收入1 217.1元，取得了较好的经济效益。

13. 小结与讨论

整个养殖过程中由于水质控制较好，加上预防得当，没有疾病发生。

利用圩滩地进行小龙虾的养殖是可行的，每667米^{2}小龙虾产量可达50千克以上，甚至会更高，经济效益十分显著。

在圩滩地进行小龙虾与螃蟹混养，相互间有一定的影响，但对总体养殖影响不是很大，小龙虾具有社群行为，在小龙虾池中搭配一定量的螃蟹反而有利于提高小龙虾的存活率，只要分清主次、密度适当、搭配合理，完全可以取得较高的养殖效益。

养殖过程中合理放养鳜、鲢、鳙、活螺蛳，有利于促进小龙虾与螃蟹的生长，主要有3点好处：①起到净化水质的作用；②小螺蛳本身就是小龙虾和螃蟹的优质天然饵料；③加换水过程中难免有野杂鱼类的漏入，正好被鳜所利用。

养殖过程中发现，圩滩地进行小龙虾养殖产量仍然存在很大的空间，具体可以达到多大的产量有待于进一步试验、研究。

五、水芹田养殖

养殖点位于江苏省淮安市淮安区径口镇，联系人为杨金林。

1. 池塘条件

利用相邻的池塘2个，共0.87公顷，面积分别为0.4公顷和0.47公顷，长方形、东西向，底质为壤土、不渗不漏，池埂土质较硬，水源充足，水质无污染，进、排水方便。池深2米，池埂坡比1∶2.5。

2. 养殖时间

9月至翌年2月中旬进行池塘种植水芹菜生产，2月下旬至8月下旬进行池塘混养小龙虾及鱼类，做好种养茬口时间调节，保证水芹菜种植与水产养殖互不影响。

3. 水芹菜种植

池塘准备：清除过多淤泥，整平池底，保持淤泥厚度0.3米左右，以利于种植水芹菜，池塘底部四周开挖周沟，沟宽 0.5 米、深 0.5 米，中央开挖“井”字形排水沟，排水沟宽 0.3 米、深0.2 米，与周沟相通。

催芽与排种：水芹菜品种为俗称“宜兴水芹”。9 月 2—3 日开始从留种田中将芹菜母茎连根拔起，拉种催芽，把拉出的水芹捆好，堆放在阴凉处，上面覆盖好稻草，水芹保持湿润。9 月 5 日开始排种，将种茎撒放在芹菜塘里，一般间距 8 厘米左右 1 根水芹，不要太密，每 667 米^2 催芽的芹菜 500 千克左右。排种 10 天左右，开始施肥，每 667 米^2 用复合肥 15 千克，以后随菜生长情况，进行追肥。约过 20 天，芹菜长至10 厘米以上，就可移栽种植。

芹苗移栽：这是芹菜种植过程中最费时间的一道工序，进行移苗补缺与疏苗移栽、散苗匀栽过程中，要选择粗壮的苗，均匀移栽，株距 3~5 厘米。

4. 水芹管理

水位控制：匀苗栽植后 15 天左右，芹菜存活后，要让芹菜田自动落干，落干的标准和水稻田短期烤田一样，然后再灌水，加水深度根据芹苗生长情况，一般芹菜在水面上长到 15 厘米左右时就灌水，灌至芹菜只露一个尖，再让其生长，慢慢加灌。一般前期浅水，干干湿湿，保持水芹菜田面不带水，如有水溢到台面，及时排水；中期保持水位超过水芹菜苗高的 20%左右，以防水温过高，而造成水芹菜死亡；后期水位低于水芹菜高度，防止水芹菜腐烂，冬天结冰时，水深一定要超过水芹菜高度，防止水芹菜受冻。

追肥：根据水芹菜长势情况进行追肥，每 15 天左右追 1 次，每次追肥品种为复合肥与尿素，每 667 米^2 每次追肥量 15～20 千克。至 11 月下旬后不再施肥，全年共追肥 5 次。

病害防治：水芹菜病害很少，主要需要防治蚜虫病。芹菜下田后，要及时观察，20 天左右开始用药，以预防为主，到10 月中旬之前，每 15 天左右用乐果 1 次兑水全池喷雾，杀灭蚜虫，全年共使用 3 次。

水芹菜采收：进入 12 月，开始采收水芹菜，到翌年 2 月中旬采收结束。

5. 小龙虾与鱼类养殖

（1）**预留水芹带**　小龙虾喜欢栖息于水草丛中，采收水芹时有选择的预留少量水芹，使其在池边与池内呈均匀分布，占据水体面积30%左右。

（2）**培肥水质**　鱼种放养前7～10天，每667米^{2}池塘施用腐熟的鸡粪200千克左右，以培育天然饵料，为鱼类、小龙虾提供适口饵料。

（3）**种苗放养**　鱼种一般以肥水鱼类为主，适当搭配摄食性鱼类，池中不得养殖肉食性鱼类。可混养的品种有鲢、鳙、异育银鲫，也有草鱼、鳊等，但不宜过多，于2月底前结束。3月中旬每667米^{2}放养规格为500尾/千克左右的小龙虾幼虾9千克。具体见表4-18。

表4-18　杨金林池塘放养种苗情况

品种	时间	规格（尾/千克）	数量（千克）	每667米^{2}平均产量（千克）
鲢	2月25日	6～8	370	28.5
鳙	2月25日	6～8	110	8.5
鲫	2月25日	15	72	5.5
草鱼	2月25日	6	45	3.5
鳊	2月25日	8～10	48	3.7
小龙虾	3月12—15日	500	117	9.0

（4）**饲养管理**

投饵施肥：以配合饲料为主，按照"四定""四看"投饵原则进行科学投饵。"四定"指定质、定量、定时、定位（多点），"四看"指看天气、看水温、看水质、看摄食情况，做到投饵量充足，饵料适口。集中喂鱼，分散喂虾；先喂鱼，后喂虾。从5月15日至6月底隔2～3天加投喂少量野杂鱼。一般每天投喂2次，上午、下午各1次，每天投饵量占体重的5%左右，下午投喂量占全天投喂量的70%左右，并根据天气、水温、水质及鱼类、小龙虾摄食量等情况有所增减。全年共投喂配方饲料3 000千克、饵料鱼385千克。

根据水质情况，及时进行追肥，肥料品种为充分发酵后的鸡粪，掌握少施、勤施的原则，每次每667米^{2}施用50～100千克，共追肥5次。

水质调节：养殖水位根据水温变化而定，掌握“春浅夏满”的原则，春季水深保持0.6～0.8米，有利于水温快速增高，促进鱼类、小龙虾摄食生长；夏季水温较高时，水深控制在1.0～1.2米，防止水温过高，避免形成“老头虾”。经常冲水，保持水质“肥、活、嫩、爽”，4—5月每10天左右加换水1次，6—8月每5～7天换1次水，每次加换15～20厘米，以保持水质清新稳定。

每20天泼洒1次生石灰水，用量为1米水深每667米^2 15千克，以改善水质，使池水pH保持在7.5～8.5，抑制和杀灭病原菌，增加水体中的钙元素，促进小龙虾蜕壳生长。

补充水草：在4月底时，塘中水芹菜已被小龙虾与鱼类摄食完，开始从外河中捞取水花生投放在池边，保证小龙虾有良好的栖息场所。

病害防治：以防为主，防重于治。不使用对小龙虾有危害的药物，尤其在选用杀虫剂时，要特别注意。从5月20日开始，每隔20天左右用“混杀先锋”与二氧化氯进行预防1次，同时配以恩诺沙星拌饵内服3～5天。

轮捕上市：虾苗经过2个月左右的饲养，有一部分就达到了上市规格，就可以利用虾笼进行捕大留小，实施轮捕出售。

6. 结果

(1) 水芹菜产量与效益 12月初，开始采收水芹菜，到翌年2月采收结束，0.87公顷水芹田共出售水芹53 560千克，平均每667米^{2}产量为4 120千克，平均上市价格2元/千克，产值为8 240元；每667米^{2}成本为：水芹菜苗400元、肥料250元、药物40元、水电70元、人工2 200元、塘租等400元，计3 360元；每

667 米^2 获利4 880元。

（2）小龙虾、鱼类产量与效益 从5月20日开始对小龙虾进行捕大留小销售，8月20日开始干塘，将所有水产品全部上市，共销售小龙虾1 105千克、鲢2 340千克、鳙1 235千克、鲫442千克、鳊370.5千克、草鱼351千克，平均每667米^{2}产小龙虾85千克、鲢180千克、鳙95千克、鲫34千克、鳊28.5千克、草鱼27千克。实现总销售额47 138元，平均每667米^{2}产值3 626元；总成本25 168元，平均每667米^{2}成本1 936元；总利润21 970元，平均每667米^{2}利润1 690元。具体见表4-19。

表4-19　杨金林池塘每667米^{2}效益情况

种类	产值			成本			效益（元）
	产量（千克）	单价（元/千克）	金额（元）	投放量（千克）	单价（元/千克）	金额（元）	
小龙虾	85.0	18.0	1 530	9.0	14	126	1 404
鲢	180.0	3.0	540	28.0	4	112	428
鳙	95.0	7.0	665	8.5	6	51	614
鲫	34.0	9.6	326	5.5	10	55	271
鳊	28.5	10.0	285	3.5	12	42	243
草鱼	27.0	10.4	280	3.3	12	40	240
肥料	—	—	—	—	—	175	−175
饲料	—	—	—	—	—	875	−875
水电	—	—	—	—	—	85	−85
药物	—	—	—	—	—	45	−45
人工	—	—	—	—	—	250	−250
其他	—	—	—	—	—	80	−80
合计	—	—	3 626	—	—	1 936	1 690

（3）总体效益 小龙虾、鱼类与水芹菜混养轮作试验塘平均每667米^{2}产值11 866元，平均每667米^{2}效益高达6 570元。

7. 小结与体会

小龙虾、鱼类、水芹菜生态混养轮作实现了能量循环。水芹菜采收后池塘水生生物丰富，并留下的残叶是小龙虾、鱼类的天然饵料，减少饲料投喂量，降低了生产成本，又提高了小龙虾的质量；而小龙虾、鱼类养殖后其排泄物、剩渣残饵留在池塘里，通过种植水芹菜，可以将池塘水中和淤泥中的氮、磷等带出，减少池塘有机质，又可以降低硫化氢等有害物质，改善了池塘环境，有利于营养元素的合理转化。

小龙虾、鱼类、水芹菜生态种养模式提高了池塘生产力。水芹9月中旬种植，当年12月初开始采收，到翌年2月中旬采收结束；3—8月正是小龙虾的生长季节，小龙虾、水芹轮作，在生长时间上互不冲突，互不影响，提高了池塘利用率，增加了种、养效益。

小龙虾、鱼类、水芹菜生态混养轮作技术关键点：①适时做好茬口调节工作，做到小龙虾养殖、水芹菜种植两不误；②要有小龙虾苗种繁育池配套，保证有虾苗供应；③加强投喂，促进小龙虾快速生长，不能仅依靠水芹采收后留在池中天然饵料；④强化捕捞，使达到规格的小龙虾能及时上市，又降低池中小龙虾密度，促进存塘虾生长。

六、茭白田养殖

养殖地点位于江苏省宿迁市宿豫区王官集镇（羽佳辉盛生态农业有限公司），联系人为刘洋。

1. 池塘条件

茭白田面积18.67公顷，田四周开挖宽环形沟，中央开挖田间沟，沟中种植水草，营造一个生态养殖环境。

2. 茭白田的准备

沿田埂内四周开挖宽1.5～2.0米、深0.8～1.5米的环形沟，田块较大的中间还要适当的开挖田间沟，田间沟宽0.5～1.0米，深1.0米，环形沟和田间沟内投放用轮叶黑藻、马来眼子菜、苦草、菹草等沉水性植物制作的草堆，田边地角还用竹子固定浮植少量漂浮性植物如水葫芦、浮萍等。结合开沟加高、加宽田埂，并夯实，并沿田埂四周用70～80厘米高的网片将水田四周田埂封闭，网片底部成90°弯折，横片10～20厘米，向田内埋入土中。竖片高50～70厘米，露出地面45～50厘米，网片的上端还要用20～25厘米宽的塑料薄膜与网片的上端绞缝在一起，以免敌害生物进入和以后小龙虾逃逸。在南方地区每年的11月至翌年4月种茭白前，每667米^{2}施腐熟的猪、牛粪500～1 000千克做底肥，翻入土层内，然后灌水泡田，使泥土软化，做到田平、泥烂、肥足。

3. 茭白的栽种

菱白用无性繁殖法种植，11月至翌年4月或6—8月选择那些生长整齐，菱白粗壮、洁白，分蘖多的植株做种株。用根茎分蘖苗切墩移栽，每小墩带有老茎及匍匐茎和3～5个分蘖苗，株距1米×1米。栽后灌水，水深3～5厘米。

4. 小龙虾的放养

4月从骆马湖中购买规格300尾/千克左右的小龙虾苗，每667米^{2}放30千克，搭配放养少量的鲢种。生产中注重保持水位，兼顾小龙虾的生活习性，在环沟中投放水草，每天投喂小麦、南瓜、马铃薯等植物性饲料和野杂鱼、动物内脏等动物性饲料，根据水质情况每个月在沟中撒生石灰1次。通过3个月左右的养殖，取得了茭白、小龙虾双丰收。

5. 日常管理

投放幼虾后，每半个月投施1次腐熟的猪、牛粪，全田均匀投撒。每半个月投放1次水草，沿田边环形沟和田间沟多点堆放。每周投喂1次动物性饲料如螺蚌肉、鱼肉、蚯蚓或捞取的枝角类、桡足类、动物屠宰厂的下脚料等，沿田边四周浅水区定点多点投喂。每天投喂2次饲料，06:00—08:00投喂1次，18:00—19:00投喂1次。投喂的种类以饼类、谷类、麸皮、玉米及农副加工厂和食品加工厂的下脚料为主，也可投喂符合国家标准的渔用人工配合饲料。日投喂量为虾存有量的5%～8%，白天的投喂占日投喂量的30%，傍晚投喂占日投喂量的70%。除投喂外随着水温的升高，要逐渐加高水位，在高温季节，田面的水位要高于30厘米。整个种养期间，要注意巡视管理，及时清除敌害，并做好防逃的措施。80天后可用地笼、虾笼开始对淡水小龙虾捕捞收获，把地笼固定放在茭白田中，每天早晨将进入地笼的小龙虾收取上市。

6. 小龙虾收获

共收获小龙虾39 260千克，平均每667米^{2}产量为140.2千克，实现年利润65万余元，平均每667米^{2}利润2 320余元。与往年相比，茭白田每667米^{2}增产13%。

七、藕田藕池养殖

（一）江苏省扬州市宝应县射阳湖镇平江村龙虾养殖专业合作社

该合作社联系人为邢向征。

1. 池塘处理

共有藕田4块，面积总计26.67公顷，为低洼地，田埂相对较高，可蓄水高度100厘米，四周有环形沟，中间有“十”字形沟与环形沟相通，用于排水。

9月挖藕后，清除杂物、疏通沟渠，保证水流能畅通，然后进水，施放基肥，将干鸡粪分2～3次均匀撒入田中，用量为每667米^{2}100千克。同时，每667米^{2}投放活螺蛳5千克左右，并且在流水沟中适当栽植一些伊乐藻、轮叶黑藻。

2. 苗种放养

小龙虾苗种来源于本合作社专用繁育池，平均规格为230尾/千克，每667米^{2}放养密度为3千克，折合690尾，放养时间在9月下旬，一次性放足。

老藕田不需放养藕种，新藕田在4月放养，每667米^{2}投放量为200千克左右。

3. 饲养管理

（1）饲料投喂 投喂的饲料品种全部采用全价颗粒料，喂养方法是冬天晴好天气每天投喂1次，开春后每天2次，06:00—07:00

喂日投料量的30%，17:00—18:00喂日投料量的70%，采取多点食台投喂结合撒喂，每次投喂量以3小时内吃完为准，并根据水温、天气、水质、摄食情况及时进行调整。

（2）**日常管理**　每天坚持多次巡塘，检查防逃设施，发现破损要及时修补，发现逃逸，及时找出原因；观察虾的活动、摄食、生长情况，及时清除残饵。发现生病立即隔离，准确诊断，及时治疗。

（3）**水质控制**　定期对水质进行监测，定期加水、换水，开春后每隔15天加、换水1次，每次20厘米左右，遇特殊情况随时加水、换水；每个月使用1次微生物制剂，改善水质。

4. 疾病预防

每20天投喂1次药饵（自己配制），每次连续投喂5天。

5. 捕捞上市

4月底开始捕捞上市，整个捕捞工作在6月初结束。具体见表4-20至表4-22。

表4-20　邢向征藕田养殖小龙虾每667米^{2}收获情况

项目	数量（尾）	平均规格（克/尾）	重量（千克）	回捕率（%）
小龙虾	510	50.3	25.7	72.9

表4-21　邢向征藕田养殖小龙虾每667米^{2}收入情况

品种	产量（千克）	价格（元/千克）	产值（元）
藕	1 340.0	2.6	3 484
虾	25.7	50.0	1 285
合计			4 769

表4-22　邢向征藕田养殖小龙虾每667米^{2}支出情况

项目	塘租	藕种①	虾种	肥料	饲料	螺蛳	电费	挖工	合计
支出（元）	500	100	60	300	100	10	20	50	1 140

注：①藕种每667米^{2}一次投放200千克，计500元，可以5年不用再放藕种，折合每年每667米^{2}费用100元。

6. 利润情况

每667米^{2}利润：4 769元（产值）－1 140元（支出）＝3 629元

每667米^{2}新增利润：1 285元（虾）－60元（虾种）－50元（肥料）－100元（饲料）－10元（螺蛳）＝1 065元

7. 小结与分析

藕田套养小龙虾的模式是可行的，每667米^{2}增加利润可以突破1 000元。而且相对于其他养殖模式来说，具有管理简单、劳动强度小、用工费用少及养殖风险小等优点，值得推广。

藕田套养小龙虾一定要掌握好苗种放养和商品虾捕捞的时间，充分利用冬春藕田的空置时间，开展小龙虾的养殖。6月初捕捞结束后要迅速用氰戊菊酯（或其他可杀死小龙虾的药物）对遗留的小龙虾进行灭杀，否则会对藕的生长产生极大的伤害。

（二）江苏省徐州市沛县杨屯镇沛县梦翔农产品专业合作社

合作社地址为江苏省沛县杨屯镇，联系人为张宪虎。

1. 池塘处理

藕池26.67公顷，在不增加种藕成本的前提下养殖小龙虾，效益非常可观，具体做法如下。

藕池四周开挖宽2米、深80厘米的环形沟，平时藕池内保持水位20厘米，一方面符合藕生长的条件，另一方面给小龙虾提供了良好的生长环境。

小龙虾放养前用“清塘净”清除藕池中的乌鱼，以提高小龙虾的成活率。

2. 苗种放养

8—9月每667米^{2}放养性成熟的小龙虾种虾10千克左右，1个月左右产仔，成活率达85%以上。8—9月放虾的好处是藕芽已长大，小龙虾对藕不造成破坏。通过试验表明，放养当地成虾在藕池自然繁殖比放养外地引进的虾苗效果要好。

3. 管理

小龙虾放养后以池中腐烂的藕及藕池中的天然饵料为主要食

物，不再专门投喂小龙虾饵料。这样一方面净化了水质，另一方面增加了小龙虾的食物来源，一举两得。

4. 小龙虾的捕捞

翌年3月开始捕捞，5月中旬前藕种发芽前捕捞完毕。捕捞的方法为在藕池四周的围沟中下地笼，然后慢慢放水，让藕池中的小龙虾慢慢跑到沟中，为了提高效果还可以在藕池中央泼洒小龙虾敏感的菊酯类药物以驱赶小龙虾到围沟里。

5. 效益情况

每667米^{2}藕池净产小龙虾60千克，产藕2 000千克。小龙虾一项每667米^{2}每年可增加纯收入1 000余元，藕的年效益每667米^2 2 000元，综合年效益3 000元以上。藕池养小龙虾不用投饵成本，一方面净化了水质，另一方面提高了收入，可谓是一举两得，做到了生态养殖，对环境没有任何污染，值得大力提倡。

八、湖北省潜江市“虾—鳜—土豆—南瓜”养殖模式及效益分析

1. 基本信息

黄其均为湖北省潜江市后湖管理区前湖办事处红星渔场场长。该渔场原来主养常规品种，产量低、成本高、利润薄、风险大。黄其均担任该渔场场长后勇于创新，于2010年成立了民想水产养殖专业合作社，率先尝试“虾—鳜—土豆—南瓜”（水里养鱼和虾，池埂种土豆和南瓜）的养殖模式，经过2年小面积试验，取得了很好的经济效益，在2013年建立起133.33公顷养殖示范基地。

该养殖模式的特点：①最大限度地利用水陆空间，提高池埂、水面种（养）复种指数，达到200%。②通过“合作社＋公司＋基地＋农户”的经营模式，大幅提高特种水产品产量，小龙虾产量较虾—稻共作模式提高约50%，鳜的产量高出1倍以上。

2. 2014年放养与收获情况

133.33公顷鱼池在2014年上半年养殖小龙虾，5月底小龙虾收获上市后，26.67公顷投放鳜苗，106.66公顷投放麦鲮水花，养

殖麦鲮作为鳜的饵料。放养收获情况见表 4－23。

表 4－23　黄其均渔场养殖品种放养与收获情况

养殖品种	投放			收获			
	时间	规格	每 667 米^2 放养量	时间	规格（克/尾）	每 667 米^2 产量（千克）	每 667 米^2 产值（元）
小龙虾	2014 年 3 月	200 尾/千克	50 千克	2014 年 5 月	30～40	175	2 625
鳜	2014 年 7 月	4 厘米	1 075 尾	2014 年 12 月	500	200	10 000
麦鲮（饵料鱼）	2014 年 5 月	水花	75 万尾				

3. 效益分析

（1）水面效益　池塘每年承包费为 160 万元，苗种费为 502 万元，饲料和肥料等共 800 万元，水电费 10 万元，人工费 60 万元，合计 1 532 万元。

年收入为小龙虾 525 万元，鳜 2 000 万元，合计 2 525 万元。

水面养殖的年利润为 993 万元，每 667 米^2 平均利润为 4 965 元。

（2）池埂效益　土豆产量为 180 万千克，合同价为每千克 1 元，产值 180 万元。种、肥、药、人工等费用共 43.2 万元，纯利润为 136.8 万元。

南瓜产量为 180 万千克，合同价每千克 1 元，产值 180 万元，种、肥、药、人工等费用共 19.2 万元，纯利润为 160.8 万元。

池埂种植利润合计 297.6 万元。

综上所述，133.33 公顷"虾—鳜—土豆—南瓜"养殖模式年总产值 2 885 万元，总费用 1 594.4 万元，年利润 1 290.6 万元，每 667 米^2 平均利润 6 453 元。比传统常规品种养殖增效近 1 倍。

4. 技术要点及体会

（1）鳜池塘精养　一般按照 1∶4 配置，即 667 米^2 鳜养殖池塘配备 2 668 米^2 饵料鱼池，饵料鱼品种以鲮为主，一般根据鳜的摄食情况随捕随投，捕完为止。

鳜养殖一般在 7 月初投苗，每 667 米^2 投寸片 2 500 尾，每 667 米^2 产量为 600～800 千克。订单生产时可加大 1 倍的投放量，每 667 米^2 投苗 4 500 尾左右，每 667 米^2 产量为 1 000～1 300 千克。

鳜养殖要注意以下 3 点：①建立保障，与水产品加工企业签订合同，即订单农业，确保产品不滞销；②疏密，就是随着池塘鱼的增长疏大疏密，变夏投冬收为随长随收；③留塘，总数控制在每 667 米^2 1 200 尾左右，形成“标鱼”（规格在 0.40～0.75 千克时售价最高）。随着鱼苗投放量的加大，应增加增氧机数量及开机时间，同时应配备柴油发电机组，防止异常气候引发“泛池”。

（2）小龙虾池塘养殖　10 月前后，将池塘落水至膝，栽种水草。10 月开始每 667 米^2 投小龙虾苗 15 千克或者于翌年 3 月每 667 米^2 投幼虾 50 千克，投放时将小龙虾倾倒在池塘坡边的水草上，让其自然入水，随后把滞留岸边的病残弱虾清除。

加强巡塘，主要是检查池塘防逃设施有无损毁及非法捕捞等。

发现水草不足的池塘可辅以小龙虾专用饲料投食，4 月中旬后即可捕大放小，开始销售。

第五章 小龙虾的上市和营销

小龙虾与其他水产品比较，销售时间较长（每年4—10月是鲜活小龙虾的销售期），有一定的货架期（在低温潮湿的地方能存活1周），是能够深加工的淡水水产品。因此，小龙虾的市场营销对其延长产业链，增加附加值，促进产业的健康发展具有重要的意义。

一、小龙虾产业链解析

小龙虾的产业链包括从“池塘到餐桌”的各个环节，各环节之间环环相扣，互相促进也互相制约。产业的发展除了该产业本身符合市场的要求外，还与政府主管部门、科研单位、民间行业协会及国际形势有着千丝万缕的联系。

1. 养殖企业

养殖企业购买或自繁小龙虾虾苗，并养成至商品虾，其成本主要表现在池塘中参与的生产要素。随着饲料、人工等主要成本的上升，养殖环节利润空间缩小，如果遇到类似2011年的旱灾，养殖成本更是高昂，因此，整合、创新和转型是小龙虾养殖户的出路。养殖单位应在稳定和强化与上下游之间联系的基础上，立足于整个产业的市场开发和价值实现，积极优化产品、拓展产业链。

2. 批发商

批发商向其客户长期持续供应一系列生鲜水产品。批发商通过向代理商预订货物的方式取得货物或货源信息，雇佣贩运商（或经销商）车辆运输，少数自己组织运输。除采购外，批发商的主要成本来源于暂养，主要表现为水电、空间、人力及小龙虾的死亡。最主要的经营风险来源于小龙虾流通过程中的死亡、失重、市场供求不易把握以及货源质量。

3. 物流商

小龙虾绝大部分通过公路运输至集散中心，部分采用客车待运的方式直接运至当地的龙虾餐馆。在运输过程中（正常情况下，如采购的小龙虾质量无大问题、运输过程中无自然灾害等时），承运环节面临的最大问题是协调运输量以保证利润。在小龙虾产业链中，运输环节一般由批发商或养殖户自己承担，也有包给大型的经销商，具体利益分配方式则是批发商、承运商、代理商之间博弈的结果。

4. 零售商

小龙虾的零售目前仍局限在水产品批发市场的零售区，零售商从批发商处或养殖户处购入再以零售的方式出售。与批发商要求的持续供应不同，零售商需要因时制宜调整自己的供应品种和数量迎合消费市场，其客户主要是小型餐饮企业及平民，价格具有一定弹性，可以随行就市，但整体价格相对稳定。

5. 餐饮服务企业

提供餐饮服务的环节包括酒店和平民休闲消费场所，小龙虾的毛利为100%～200%，即餐饮价格定价约为采购价格的2倍且具有刚性，扣除成本以及运营费用，传餐饮企业净利润率一般为40%～80%。随着小龙虾价格的上涨，以前作为大排档的重要菜品已经较少出现，很多消费均发生在相对高档的餐馆或龙虾馆中，新的消费方式对小龙虾的消费影响不可忽视。

6. 深加工企业

目前，由于鲜活小龙虾在我国消费量很大，市场供不应求，专门从事小龙虾深加工的企业已减少很多（20世纪80年代，江苏小龙虾加工企业达70个以上）。但产品向精深加工产品发展，主要有冷冻虾仁、调味虾仁、整只调味小龙虾、虾球、虾饼等，总的出口量这几年比较稳定。近年来，一些企业注重于内销市场，针对国内消费者开发新的产品。深加工的发展不仅可以平衡供需，降低运输成本，且可以极大提高附加值，延长消费时间，增加消费者福利，同时提高整个产业创造的财富。随着小龙虾产业的发展，开发新的小龙虾产品、提高产品附加值是小龙虾产业链发展的必然趋势。

二、影响小龙虾市场的因素

目前，对小龙虾市场影响因素的说法很多，但小龙虾的食用安全和市场价格成为受关注的主要问题。

1. 小龙虾食用安全问题

食用安全是作为食品的首要条件。在多数消费者心目中，误认为小龙虾是在臭水沟中生存和繁殖的，甚至认为如果水不肥，则小龙虾无法生长和繁殖。特别是2010年南京“龙虾门事件”暴发后，各地的媒体对小龙虾的报道以负面为主，有颇有影响的报纸全版面刊登了有关我国某著名小龙虾产区的养殖情况，煞有介事地说没有丰富的有机质，小龙虾无法生存等言论。因此对小龙虾食用安全的问题不仅仅是从技术上解决，还要加大宣传力度，利用鲜活的实例证明小龙虾在污水中是无法进行繁殖的，只有在无污染的水中才可以正常的生长繁殖。此外，要加大与媒体的沟通，严厉打击和杜绝不负责任的报道和宣传，给小龙虾行业营造一个健康、正面的形象。对消费者来讲，对小龙虾的担心主要是养殖过程中添加农药、兽药等危害因素的残留问题，因此养殖生产者及产业链相关参与者的共同自检自律，是树立和稳定小龙虾“清廉”形象的根本，此外，需要相关法规设定及监督机制等的配套努力。随着《中华人民共和国食品安全法》的修订，设立食品安全委员会，建立并完善食品召回制度，取消食品“免检制度”，确立民事赔偿优先原则等相关法律法规的实施，为系统有序地解决当前小龙虾的安全问题提供法律制度保障，并对稳定包括小龙虾在内的养殖水产品的市场氛围起到积极作用。

2. 价格问题

合理的价格是促进小龙虾消费的关键环节。价格问题是人们对小龙虾市场影响因素探讨中的重要话题之一。有观点认为，小龙虾近年来的高价位是影响其市场销量的重要因素之一。在一些经济状况相对一般的城市或地区，这是一种较为普遍的观点。但是目前水产品中海参、鲍、石斑鱼、河蟹等比小龙虾价位高很多，且长期能够得到市场的普遍认同。比较分析可以看出，目前对小龙虾市场价位争论的关键，在于消费者对小龙虾的认可程度，它关系到市场培育问题，需要产业界协同努力。据食品营养学分析，小龙虾的营养和保健功能在同价格的水产品中是佼佼者，但小龙虾长期以来给消费者的印象是不卫生，能够在比较脏的环境中顽强的生存，是典型的大排档产品。因此，如何树立小龙虾营养丰富、安全卫生的高端形象是广大小龙虾从业者共同关心的问题。

在产品形式开发方面，多数水产品的价格是以活、鲜、冻的顺序由高到低的，而加工水产品的附加值另当别论。目前，在我国小龙虾的产品多以鲜活为主，加工品主要包括虾仁或进行简单的裹粉等加工处理，产品的技术含量比较低。从价值链的角度看，小龙虾的加工品很难获得较高的增值，其实，在国外市场小龙虾主要以加工产品的形式出现，如罐头、特殊口味盐渍产品等很多种类。因此，进一步解放思想，开阔视野，在产品形式上找突破，应是扩大小龙虾产业价值链的重要思路之一。

三、小龙虾的营销方案

1. 加工产品营销

（1）产品介绍　一改以往市场上按重量出售或整袋包装的速冻产品，增加独立包装的汤汁小龙虾，并以小龙虾较少而繁华的城市为主要市场，扩大企业知名度，增加小龙虾的销售范围，并以此为突破口，开拓国内市场。

（2）产品定位　开发方便的即食食品，面向各个年龄的人群进行销售。

（3）市场调查分析　经过权威机构的部分调查，和一些研究报告的数据，90％以上的学生群体对小龙虾都感兴趣，而对独立包装的小龙虾一般只有北方的学生，南方学生更喜欢在学校附近的店铺按重量购买，便宜且新鲜，因此应将销售突破口放在北方市场。

(4) **消费者调查分析** 经济因素是影响消费者购买的重要因素，无论购买什么商品，经济因素都是必不可少的因素。如今人们生活条件提高了，购买生活必需品在整个收入中的比重减小了，在饮食方面更加注重的是怎样吃好。

(5) **社会文化因素** 近年来，由于关注健康以及环保意识的增强，人们开始注重小龙虾的吃法。

(6) **企业形象分析** 企业形象还未完全树立前，产品的价位不宜定得太高。可以从企业获得的国际质量认证入手，取得消费者的信任。

2. 网络营销方案

(1) **口碑营销** 有市场营销理论指出，口碑对客户购买的影响力随着商品价格上升而上升。即越贵重的商品，其他用户对商品的评价和讨论越能影响到其他潜在客户。随着销售网络的普及应用，交流互动的即时通信、微信、E-mail、论坛社区、博客、问答平台等使得信息交流变得可行且便利。小龙虾鲜活和加工产品可作为礼品和中高档消费品，网络口碑将对产品产生极大影响，不管是正面的引导宣传还是负面的危机公关，意义重大，值得关注。

(2) **软文营销** 网络新闻的用户群相对高端，且新闻容易对品牌进行提高。新闻类软文的作用和价值都值得关注。如可进行正面的采访报道，具体采访内容和侧重点需要根据项目定位，此类报道容易树立一般用户信任度，也容易在品牌和知名度上提升上发挥作用。正面采访报道还可以在农产品品牌营销和农民产业升级、增收上进行策划。

3. 连锁销售方案

小龙虾是一个可进行工业化加工的产品，可通过建立中央厨房，实行小龙虾原料统一采购、加工、配送，精简了复杂的初加工操作，操作岗位单纯化，工序专业化，提高标准化、工业化程度，在一定规模基础上产出规模效益，更科学地保障市民餐桌的安全。

建设中央厨房的益处显而易见，通过标准化、技术分解、流程化，减少单店厨房用工数量，把复杂劳动分解为简单劳动，大幅降低厨房人力资源费用。中央仓储加工配送程度越高，单店厨房、仓储、办公等面积相应减少，从而降低房租费用。同时，还能减少单店厨房的设备投入，增加门店的环保指数，减少了餐厨垃圾和油烟扰民，便于利用先进的环保处理工艺集中处理废料与废弃油脂，降低能源消耗。集中统一采购、核算，便于形成规模效益，有利于建立采购、储运、加工、配送、销售、外卖一条龙的信息管理系统和电子商务平台。建立在标准化基础上的技术、流程分解，有利于提升产品质量的稳定性和出菜速度。对小龙虾餐饮业统一标准、批量生产、快速复制、规模发展、加盟连锁有着特殊意义。连锁经营带来的标准化操作、工厂化配送、规模化经营和科学化管理将保证小龙虾餐饮行业的更快发展，促进小龙虾销售市场的发展。

4. 其他销售方案

（1）**礼品卡销售**　主要做商业方面，其主要通过业务员销售渠道对商家、公司等进行销售，通过礼品卡的销售，使其成为公司对员工的福利。也可以根据顾客消费情况赠送烹调作料、食用工具等来促进销售。

（2）**门店销售**　门店主要是散装市场，可以使相关事件营销与媒体报道结合。

（3）**超市铺货**　大超市铺货要看企业的能力，安排专人现场进行导购，并在超市周边做宣传。

（4）**联盟销售**　与其他农副产品搭配组合套餐，形成联盟销售。

（5）**市场销售**　建议只做批发，即针对小商户进行批发。

附　录

小龙虾健康养殖优秀企业介绍

一、江苏海浩兴业集团

该公司以水产养殖、加工及进料加工出口为主，是特色农产品加工的外向型企业。

江苏海浩兴业集团旗下有盐城海浩农业发展有限公司、盐城海王冷冻食品有限公司（彩图 46）、盐城海星海产品有限公司、江西海浩鄱阳湖水产有限公司（彩图 47）、武汉海浩农业发展有限公司（彩图 48）。产品包括淡水野生捕捞虾类、贝类，养殖虾类、鱼类，海洋捕捞鱼类以及水果、蔬菜 5 大类 50 多个品种，全部出口美国、欧盟、日本、韩国等 50 多个国家和地区。海浩兴业集团自 2001 年创业至今，在董事长李军的带领下，该集国始终坚持“以科技为先导，以后另求生存以求发展，创造海浩国际名牌，国内一流企业为目标”的经营发展理念。依靠优良的品质经受了市场考验，赢得了国际市场的高度评价。

新鲜从源头做起。海浩公司充分利用里下河地区无污染天然河荡，发挥产品资源优势和养殖技术优势，培育养殖户 5 000 户，新发展特种水产品养殖面积 1 000 多公顷，从源头做起，活水自然养殖，确保产品绿色、健康。

面对世界经济一体化的发展趋势，海浩不断加强自己。该集团旗下工厂严格按照我国《出口水产品加工企业注册卫生规范》的要求和美国食品及药物管理局（FDA）法规及欧盟标准统一设计建造，生产车间按照我国要求规范管理，运用国际上通用的食品安全保证体系。品质在于环节精准，海浩产品全面实施了食品安全质量保证体系，严格按照 ISO 9002 国际质量认证体系，从原料生产到加工全过程实施强制管理，层层把关，顺利通过中国出入境检验检疫（CIQ）的审核验收，并取得了我国《HACCP 计划》认证，中国检验认证（集团）有限公司（CCIC）食品安全管理体系认证，旗下工厂全部获得了美国 FDA 注册及欧盟注册。集团建有完善的实验室和研发队伍，依托公司研发团队在基地和生产车间建立起一整套水产品质量标准保障体系，在生产上严格执行良好作业规范和卫生标准操作规范，确保出口产品检验检疫合格率 100%。优良的品质，多年的市场检验，赢得了国际市场的高度评价。通过日益完善的产业链条，海浩形成了诸多产品系列，如冻煮小龙虾系列（彩图 49）、牛肉系列等，这些高质量的产品与服务铸就了海浩高品质、高品位的市场声誉。

海阔凭鱼跃，海浩公司已建成了一个科研、养殖、加工一条龙的产业链，被评为江苏省省级农业产业化龙头企业，成为行业的领舞者，实现了经济效益和社会效益共赢的目标。未来的海浩将转变发展方式、推动战略转型，加强自主创新力度，努力构建国内首屈一指的农业企业。

二、德炎水产食品股份有限公司

该公司建于 1994 年，是一家集淡水水产养殖、研发、加工、贸易、物流、生态旅游为一体的农业产业化国家重点龙头企业，生产总部位于湖北省最大的淡水湖泊——美丽的洪湖之滨（彩图 50、彩图 51），营销总部位于九省通衢的武汉，该公司依托洪湖优质、丰富的水产品资源，致力于奉献安全、绿色食品，在董事长卢德炎的带领下，经过 10 多年的发展，已成为湖北省最大的淡水水产品企业之一。

该公司洪湖生产总部占地面积 80 公顷，建筑面积近 10 万米^2，配有超过 1 万米^2 的无菌车间，2 万吨冷库，员工 2 000 多人。近年来该公司整合力量，大力发展水产养殖，建立淡水养殖基地 2 000 多公顷，开展小龙虾、斑点叉尾鮰、河蟹等特种水产品的养殖，形成了集养殖、研发、生产、销售、物流为一体和生物科技、商业、旅游集一身的大型综合平台。

该公司建立了完善的 ISO 9001 质量管理体系和危害分析与关键控制点（HACCP）、中国零售商协会（BRC）、药品生产质量管理规范（GMP）等食品安全监控体系，取得了美国 FDA 和欧盟 EEC 卫生注册。

该公司拥有“德炎”“洪湖渔家”“爱上鱼”三大产品品牌，其中“洪湖渔家”品牌已列入湖北省“十二五”农业发展规划；主要产品包括“四大家鱼”（青鱼、草鱼、鲢和鳙）、洪湖清水蟹、美国斑点叉尾鮰、小龙虾、河虾、贝类、鱼糜制品等，水生植物系列产品以及高附加值鱼胶原蛋白肽及其衍生产品等，产品销往全国 20 多个省、自治区、直辖市，远销美国、欧盟、日本、韩国等国家或地区。其中，“德炎牌醉鱼”荣获第三届中国武汉农业博览会金奖；“德炎茴香龙虾”荣获第七届国际农产品交易金奖；“德炎龙虾系列”被评为消费者满意产品，“德炎牌”小龙虾被我国农业部评为“中国名牌农产品”。

该公司围绕服务渔业产业，引领生态生活，成就员工梦想，通过 1 个平台（洪湖市德炎渔业服务有限公司）、2 个目标（打造为全国最大的淡水渔业和鱼胶原蛋白肽加工基地）、4 个经营模式（“洪湖渔家特产店”“爱上鱼产品专卖店”“冷冻产品直营店”及“电子商务”）、4 大板块建设（建设生态高效的繁育、养殖板块，淡水渔业精深加工示范板块，现代渔业服务和渔业文化旅游板块），创建好“中国·洪湖淡水渔业综合示范区（国家级）”，回报社会。

目前德炎水产食品股份有限公司旗下拥有多家全资子公司，包括武汉得悦欣贸易有限公司、德炎生物科技有限公司、德炎冷链物流有限公司、洪湖渔家水产养殖有限公司等。

三、江苏盱眙满江红龙虾产业园有限公司

该公司成立于 2007 年 10 月，注册资本 2 800 万元，主要从事小龙虾苗种繁育、商品小龙虾和其他淡水水产品生产与销售，有机

稻米、黑毛猪肉、草鸡蛋等农副产品的推广、种植、加工、销售，是江苏省淮安市重点农业产业化经营龙头企业、江苏省渔业成果转化基地、江苏省引进国外智力成果示范基地、江苏省淡水螯虾培育及综合利用工程技术研究中心项目承担单位、江苏省首批命名的省级现代农业产业园区，是南京大学、扬州大学实验实习基地（彩图52）。

该公司拥有固定资产5 000余万元，种养殖面积666.67余公顷，生产用智能温室及连栋温室15 000米^2，冷库1 000米^3，各类产品年销售10 000万元以上。该公司坚持以现代企业管理理念为先导，以人为本，吸收国内外农业企业先进的企业文化，立足现代，创新产业。以资本关系为纽带，通过出资参股形式，整合与优化育种、养殖、市场、管理和资金等相关资源，形成了“利益共享、风险共担”的企业家族。崭新的现代农业企业联结模式得到了各级政府部门和农户的充分肯定和认可。

近年来，该公司先后承担各类科技项目10余项，拥有小龙虾育种、繁育、养殖、运输等相关专利4件，其中发明专利2件，实用新型专利2件。

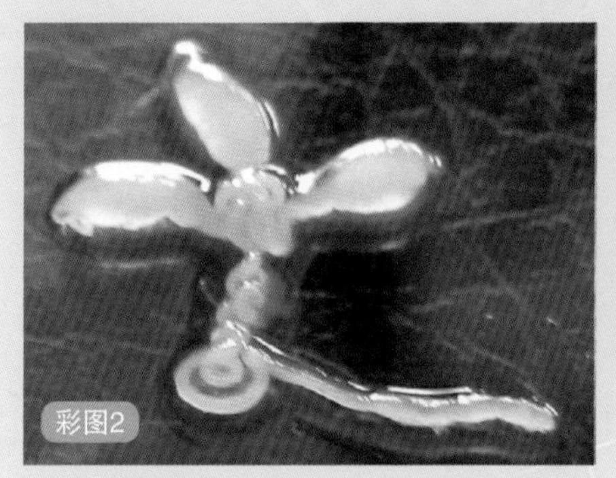

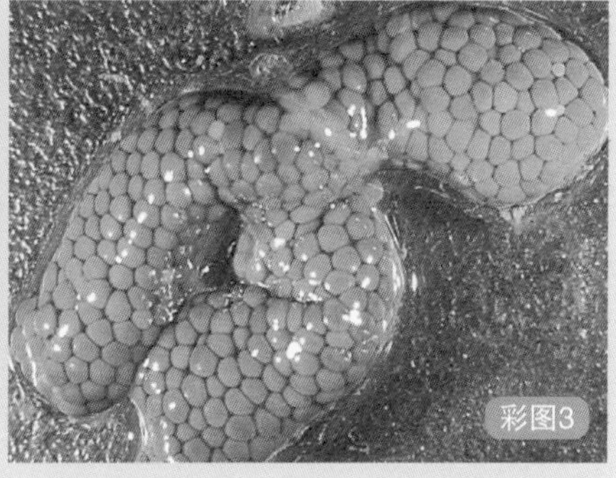

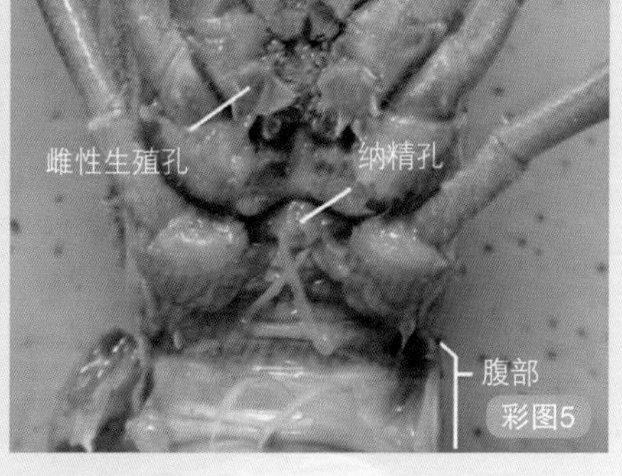

彩图1　小龙虾外部形态
彩图2　小龙虾精巢
彩图3　小龙虾卵巢
彩图4　小龙虾雄虾
彩图5　小龙虾雌虾

彩图6　小龙虾交配
彩图7　小龙虾的受精卵
彩图8　小龙虾的护幼习性
彩图9　池塘安装的微孔增氧装置

彩图10　盘式微孔增氧装置
彩图11　苗种繁育池塘实景
彩图12　苗种繁育池塘移栽水草
彩图13　苗种繁育池塘移栽成功的伊乐藻

彩图14　腐熟的有机肥料
彩图15　优质亲虾
彩图16　网夹运虾箱运输亲虾
彩图17　网夹箱
彩图18　泡沫箱

彩图19　成虾池“回”字形沟渠
彩图20　成虾池内水生植物
彩图21　清塘
彩图22　药物消毒

彩图23　晒塘
彩图24　施用有机肥
彩图25　翻耕后的塘底
彩图26　修建防逃设施

彩图27　水花生
彩图28　水葫芦
彩图29　菹草
彩图30　轮叶黑藻
彩图31　马来眼子菜

彩图32

彩图33

彩图34

彩图35

彩图32　伊乐藻
彩图33　蕹菜
彩图34　条块形布局种草
彩图35　兑水泼洒有机肥培水

彩图36　小龙虾苗种放养
彩图37　船载投饲机
彩图38　地笼捕虾

彩图39　稻田养殖小龙虾
彩图40　田间工程示意
彩图41　养虾稻田
彩图42　“十”字形虾沟
彩图43　芦苇荡养殖小龙虾

彩图44

彩图45

彩图46

彩图44　水芹田养殖小龙虾
彩图45　藕塘养殖小龙虾
彩图46　盐城市海王冷冻食品有限公司
彩图47　江西海浩鄱阳湖水产有限公司
彩图48　武汉海浩农业发展有限公司

彩图47

彩图48

彩图49　海浩小龙虾加工生产车间
彩图50　德炎水产食品股份有限公司洪湖生产总部
彩图51　德炎水产食品股份有限公司加工区
彩图52　江苏盱眙满江红龙虾产业园有限公司试验基地